Personal Branding

Wie baut man Experten als Personenmarke
in den digitalen Medien auf?

Personal Branding

Wie baut man Experten als Personenmarke in den digitalen Medien auf?

Autor
Marvin Eichsteller, Blogger & Co-Founder emobilitaetsblog.de
LinkedIn Voice of the Year 2017

Co-Autoren
Jasmin Arensmeier, teaandtwigs.de
Ingrid Blessing, Detecon International GmbH
Martina Cleven, Martina Cleven Marketing Consulting
Guido Bosbach, ZUKUNFTheute.net
Prof. Harald Eichsteller, Hochschule der Medien Stuttgart
Randolf Jessl, Auctority GmbH
Tanja Knob, CAMAO
Steve Kroeger, Speaker & Unternehmercoach
Prof. Dr. Jürgen Seitz, Hochschule der Medien Stuttgart
Marc Wagner, Detecon International GmbH

Herausgegeber der Reihe Medien und Management
Prof. Harald Eichsteller
Prof. Dr. Uwe Eisenbeis
Prof. Dr. Boris A. Kühnle
Prof. Dr. Jürgen Seitz

Bundesanzeiger Verlag

Bibliografische Informationen der Deutschen Nationalbibliothek
Die Deutsche Nationalbibliothek verzeichnet diese Publikation in der Deutschen Nationalbibliografie; detaillierte bibliografische Daten sind im Internet über http://dnb.dnb.de abrufbar.

Bundesanzeiger Verlag GmbH
Amsterdamer Straße 192
50735 Köln

Internet: www.bundesanzeiger-verlag.de
Weitere Informationen finden Sie auch in unserem Themenpool unter:
www.betrifft-unternehmen.de

kostenlose Bestellhotline: Tel. 0800-12 34 339
E-Mail: wirtschaft@bundesanzeiger.de

Print ISBN: 978-3-8462-0977-6
E-Book ISBN: 978-3-8462-0978-3
Schutzgebühr: 36,80 €

Herstellung: Günter Fabritius
Produktmanagement: Rebekka Wuttke
Satz: publish4you, Bad Tennstedt
Druck und buchbinderische Verarbeitung: Appel & Klinger Druck und Medien GmbH, Schneckenlohe
Titelabbildung: © Olivier Le Moal – Fotolia.com

Printed in Germany

Vorwort

Im Zeitalter der Digitalisierung wird der Mensch keineswegs weniger wichtig. Ganz im Gegenteil: Je komplexer die Welt, je schwieriger die zu lösenden Aufgaben, desto mehr brauchen Unternehmen genau die richtigen Personen, um ihre Herausforderungen zu meistern. Generalisten dürften deshalb an Bedeutung verlieren, echte Experten dagegen gewinnen. Die nämlich wissen auch dann weiter, wenn die Maschinen und Computer am Ende ihrer „Weisheit" sind. Neben dem Fachlichen entscheidet dabei auch die Persönlichkeit, denn wir werden immer mehr kooperieren, statt alleine im stillen Kämmerlein eine Lösung auszubrüten.

Wie aber findet man diese echten Experten, wie unterscheidet man sie von denen, die lediglich Standard liefern? Und wie profiliert man hervorragende Experten, wenn sie bereits Teil des Teams sind? Das sind genau die Fragen, die zum Personal Branding führen. Marvin Eichsteller hat mit diesem Thema wohl eines der wichtigsten der nächsten Jahre aufgegriffen. Was bei Produkten und Dienstleistungen schon lange klar ist, wird sich auch bei den Menschen im Unternehmen erweisen: Starken Personenmarken gehört die Zukunft! Sie werden künftig genauso unverzichtbar sein wie Corporate Brands und Product Brands. Bloße Werbung will bei den Angeboten keiner mehr sehen und sie wird auch Menschen, die ihre Leistungen anbieten, nichts mehr nützen. Genauso wenig reicht es aus, einfach nur wichtig zu wirken. Gefragt ist Authentizität, gefragt ist das, was den Einzelnen einzigartig macht. Gefragt sind Personenmarken, die diesen Namen verdienen.

Bei dieser Analyse bleibt aber Eichsteller nicht stehen. Er zeigt, wie sich solche Personenmarken aufbauen lassen – natürlich vor allem in den digitalen Medien, in denen heute schon und noch viel mehr morgen jede Markenbildung stattfinden wird. Der Autor und seine Co-Autoren lassen all ihre Kompetenz, all ihre Erfahrungen in dieses Werk einfließen. Es ist unheimlich systematisch, umfassend und sehr praxisnah. Ja, für mich hat es das Potenzial, zu einem neuen Marketing-Standardwerk zu werden. Marketing? Ja, denn das wird in Zukunft wesentlich Personal Branding sein.

Gute Unterhaltung und vor allem viele wertvolle Erkenntnisse
wünscht Ihnen

Jörg Löhr

www.joerg-loehr.com

Inhaltsverzeichnis

Abkürzungsverzeichnis

bspw.	beispielsweise
z. B.	zum Beispiel
CRM	Customer Relationship Management
i. d. R.	in der Regel
UGC	User-generated Content
u. a.	unter anderem
SEO	Search Engine Optimization
CMS	Content Management System
d. h.	das heißt
RSS	Rich Site Summary
PWC	PricewaterhouseCoopers
DACH	D (Deutschland), A (Österreich) und CH (Schweiz)
CEO	Chief Executive Officer
CFO	Chief Financial Officer
z. T.	zum Teil

Teil 1 – Personal Branding
Bachelorarbeit Marvin Eichsteller

1. Einleitung

1.1 Hintergrund

Die Welt verändert sich mit rasanter Geschwindigkeit. Das schnelle Auffinden von Kenntnissen und intellektuellen Fähigkeiten einzelner Personen, deren Leistungen auf einem bestimmten Fachgebiet weit über dem Durchschnitt liegen, wird zum Schlüsselerfolgsfaktor für Unternehmen (vgl. Lackes 2016). Expertenwissen kann einerseits innerhalb des Unternehmens durch den Aufbau und die Entwicklung von Personal generiert werden, andererseits durch die Vergabe von Projekten und spezifischen Aufgaben an Berater.

Allerdings verlaufen mehr als ein Drittel aller Projekte mit Beratern nicht zur Zufriedenheit der Auftraggeber, so eine Befragung von Führungskräften in Deutschland und der Schweiz durch die Züricher Meta-Beratung Cardea von 2011. Die Empfehlung für die Auswahl von Beratern klingt einfach:

1. Der Berater sollte konzeptionell stark und erfahren sein.
2. Der Berater kann eine klare Spezialisierung auf Projektaufgabe und Verantwortungsbereich vorweisen.
3. Der Berater legt Wert auf eine klare Projektpositionierung. (Günnewig 2011)

Daraus ergibt sich für Unternehmen und Berater gleichermaßen die Aufgabe, sich im Vorfeld über Qualifikation, Eignung und Positionierung Gedanken zu machen. Es ist also bei der heutigen Spezialisierungstiefe nicht mehr zielführend, die Beratungsfirma, die das Unternehmen traditionell jahrelang beraten hat, zu jedem aufkommenden Thema zu Rate zu ziehen. Ebenso ist es für Berater wichtig, ihr Expertenwissen, das aus sehr großen Informationsmengen in Verbindung mit Vereinfachungen, wenig bekannten Fakten, Faustregeln und klugen Verfahrensweisen (Heuristiken) besteht und das effiziente Problemlösungen in diesem Gebiet ermöglicht, sichtbar zu kommunizieren (vgl. Lackes 2016).

Reichte früher die Reputation des Beratungsunternehmens als Ganzes aus, gewinnt mit zunehmender Spezialisierung nun der einzelne Experte an Bedeutung. Mit Personal Branding steht erstmals die Person im Mittelpunkt. Experten werden heute in den digitalen Medien gesucht. Der digitale Wandel stellt dabei bestehende Strukturen infrage (vgl. Evsan). „Künftig lassen sich Expertenstatus und Meinungsführerschaft nur mithilfe einer entsprechenden Online-Reputation erreichen" (Evsan).

Dabei ist entscheidend, nicht nur die Möglichkeiten und Grenzen der Online-Instrumente zu verstehen, sondern auch die Motive der Nutzer zu kennen (vgl. Kreutzer 2016). „Es geht darum, die Ansprüche der Kunden zu erfüllen, die längst digital agieren" (ONeill 2015).

Personal Branding beschreibt die Strategien, eine Personenmarke aufzubauen, sich selbst zu vermarkten und den eigenen Wiedererkennungswert zu erhöhen (vgl. Evsan 2015).

> „Doch hinter den vielversprechenden Zielen stehen harte Arbeit, viel Ausdauer und eine ehrliche Auseinandersetzung mit der eigenen Person. Wer sein Personal Brand etabliert, widmet sich nicht nur eigenen Stärken, sondern vor allem den Schwächen und potenziellen Konfliktsituationen." (Evsan)

1.2 Problemstellung

Der digitale Wandel stellt also sowohl Unternehmen vor neue Herausforderungen, als auch Experten müssen sich in den Beratungsunternehmen auf neue Gegebenheiten einstellen.

Im Rahmen der vorliegenden Abschlussarbeit im Schwerpunkt Medienmanagement möchte ich einen Beitrag leisten, welche Faktoren dabei wichtig sind und welchen Einfluss Personal Branding dabei hat. Es soll erforscht werden, wie Experten die Potenziale der digitalen Transformation sehen und zudem die weltweite Vernetzung durch Social Media nutzen. Das Ergebnis soll in einen Leitfaden münden, der darstellt, wie Themenexperten neue Maßstäbe im Marketing und Vertrieb setzen und sich somit als Personal Brand in den digitalen Medien behaupten können.

Um die Problemstellung abschließend zu verdeutlichen, fasse ich sie im folgenden Satz zusammen:

> Die Herausforderung der Positionierung eines Experten in den digitalen Medien besteht darin, die richtigen Kanäle zu nutzen, um eine Erhöhung der Bekanntheit und der Reputation zu erreichen und potenzielle Kunden auf sich aufmerksam zu machen. Letztendlich wird Personal Branding im Falle von Beratern erfolgreich sein, wenn es zu einem Mandat kommt.

1.3 Zielsetzung

„Bei Personal Branding geht es nicht um Unternehmen oder Marken, sondern darum, die eigene Person, Persönlichkeit und fachlichen Kompetenzen darzustellen sowie die individuellen Anliegen sichtbar zu machen" (Mai 2015). Die Schwierigkeit liegt heute darin, sichtbar in den digitalen Medien zu werden und dort nach außen sichtbar den Expertenstatus zu erreichen. Eine gute Online-Reputation und Personenmarke schützt vor Ruf-Attacken (vulgo: Shitstorm) und hilft dabei, potenzielle Kunden sowie Headhunter und potenzielle Arbeitgeber auf sich aufmerksam zu machen (vgl. Mai 2015).

Deshalb ist es heute für Experten hilfreich, sich richtig in den digitalen Medien zu präsentieren, gefunden zu werden und sich als Eigenmarke zu verkaufen.

Konkret formuliert lautet der Titel meiner Thesis:

> Personal Branding
> Wie baut man Experten als Personenmarke in den digitalen Medien auf?

1.4 Gang der Untersuchung

Im ersten Teil werden nach Definitionen und Modellbeschreibungen die Maßnahmen und Einstellungen erläutert, die man als Personenmarke in den digitalen Medien vornehmen kann. Es sollen Tools vorgestellt werden, die es erleichtern, die Pflege seines Personal Brands zu organisieren.

Personal-Branding-Experte Jochen Mai betont, „dass es beim Personal Branding nicht um eine Maskerade geht. Schauspieler, die lediglich versuchen, Erwartungen oder einem Image zu entsprechen, fliegen früher oder später auf. Nachhaltiges Personal Branding setzt daher immer auf Authentizität und versucht, die vorhandene Persönlichkeit trennschärfer herauszuarbeiten" (Mai 2015).

Um ein Personal Brand richtig aufzubauen, muss man also sein Profil schärfen, sich seiner Schwächen und Stärken bewusst sein und dies alles in den digitalen Medien widerspiegeln.

Im Rahmen eines Projekts, das die Abschlussarbeit begleitet hat, habe ich die Tools und die Einstellungen am Beispiel eines Experten für digitale Transformation der Versicherungs- und Bankenbranche, Dr. Matthias Gröbner, direkt mitentwickeln und ausprobieren können. Dieser ist als Partner beim Beratungsunternehmen Detecon International tätig. Die Kreation der Personal Brands war Teil eines Beratungsauftrags, für das Personal-Branding-Experte Ibrahim Evsan Beratungsleistungen erbracht hat.

Die Positionierung und Platzierung der Personal Brand Matthias Gröbner kann erkenntnistheoretisch als Experiment betrachtet werden – zum Start des Projekts war er in den digitalen Medien nicht auffindbar, heute stellt er sich nach Eingabe seines Namens in Google auf einer Vielzahl von Plattformen als Experte dar, an erster Stelle mit seiner eigenen Website www.matthiasgroebner.de (siehe Abb. 1 auf der nächsten Seite).

Im ersten Teil werden weiterhin bei den eingesetzten Tools sowie bei der Profilschärfung weitere Beispiele herangezogen, die verdeutlichen, auf welche Aspekte bei der Detecon geachtet wurde, um die Personal Brand Dr. Matthias Gröbner zu positionieren.

Im zweiten Teil werden vier Experten aus den Feldern Wissenschaft, Agentur und Industrie zu ihren Erfahrungen im Bereich Personal Branding in Experteninterviews befragt.

„Experten sind Personen, die aufgrund langjähriger Erfahrung (ab ca. zehn Jahren) über bereichsspezifisches Wissen verfügen" (Technische Universität Kaiserslautern 2014). Dieses bereichsspezifische Wissen ist wichtig bei der Auswahl der Experten zu dem Thema Personal Branding und wird entsprechend berücksichtigt (vgl. Technische Universität Kaiserslautern 2014).

Bei den vier ausgewählten Experten handelt sich um nationale und internationale Persönlichkeiten, deren Expertise in traditionellen Medien wie TV und Print ebenso wie in den digitalen Medien gefragt ist. Diese Experten betreiben ihr Personal Branding seit vielen Jahren über eine oder mehrere Webseiten und alle haben mehr als 2500 Twitter Follower sowie bei XING / LinkedIn zwischen 500 und 2000 gepflegte Kontakte.

Wie haben diese Personen ihren Personal Brand aufgebaut, welche Schritte auf dem Weg zum Brand haben sie beschritten, auf welche Hindernisse sind sie gestoßen? Aus den

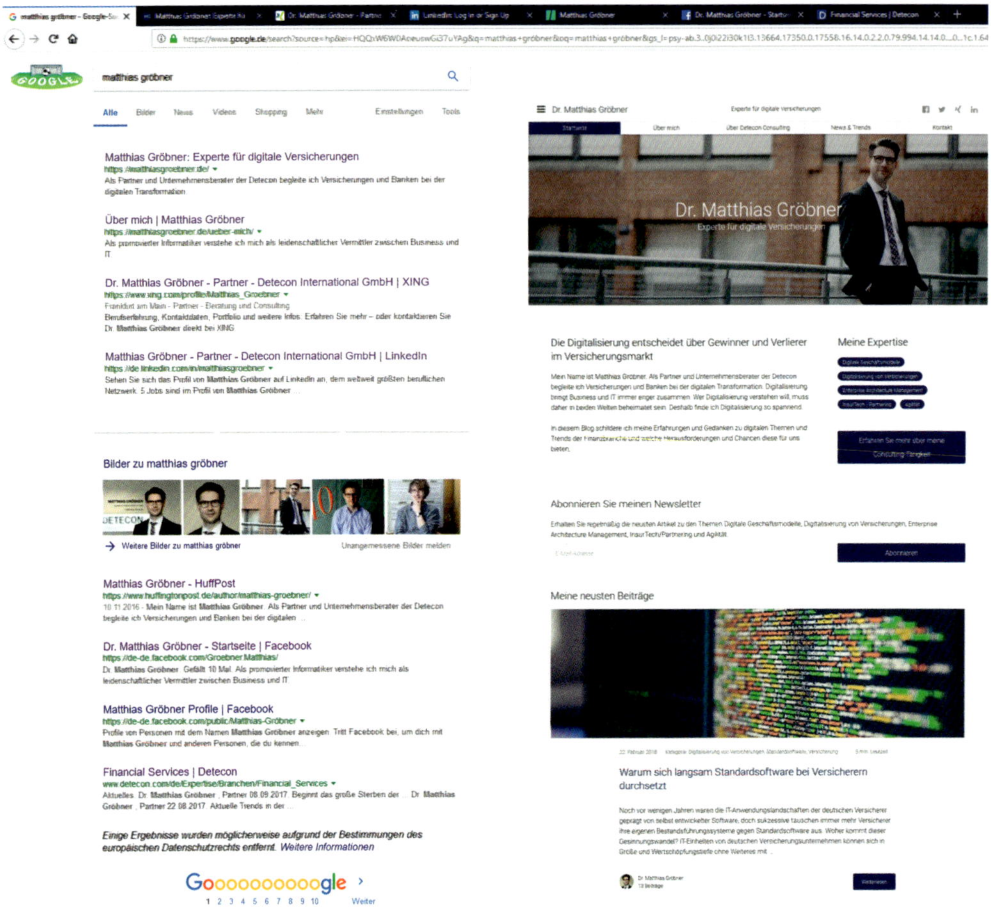

Abb. 1: Screenshots Dr. Gröbner in den digitalen Medien (Abruf: 22.1.2017)

Antworten auf diese Fragen soll ein Leitfaden entwickelt werden, den potenzielle Personal Brands bei ihrer Markenbildung verwenden können. Dabei soll darauf eingegangen werden, welche Tools genutzt werden sollten und ab welchem Zeitpunkt man als erfolgreiches Personal Brand gilt. Dafür wurden die Experteninterviews mit einem Code versehen, um Kategorien für die einzelnen Themenbereiche zu finden und die Schwerpunkte der Experten zu erfahren.

Die Interviews wurden nach folgendem Schema ausgewertet:

Z1: Paraphrasierung

Z2: Generalisierung auf das Abstraktionsniveau

Z3: Kategorienbildung

Dieses Ablaufmodell sieht in Schritt Z1 die zusammenfassende Kurz- und Umformulierung der Kodiereinheiten vor. Wesentlich sind die Auskürzung von Ausschmückungen sowie die Umformulierung in eine grammatische Kurzform auf möglichst vereinheitlichtem Sprachniveau.

In Schritt Z2 wird ein Abstraktionsniveau definiert. Anhand dieses festgelegten Abstraktionsniveaus wird überprüft, welche paraphrasierten Materialeinheiten unter dem Abstraktionsniveau liegen, um genau diese anschließend allgemeiner zu fassen – also das Abstraktionsniveau der betrachteten Materialeinheit anzuheben. Materialeinheiten, die in paraphrasierter Form über dem definierten Abstraktionsniveau liegen, bleiben zunächst unbearbeitet (vgl. Jenker 2007).

Im Schritt Z3 werden Kategorien gebildet, die die Interviews in adäquate Sinnabschnitte unterteilen und somit eine Widerspiegelung der Aussagen ermöglichen (vgl. Jenker 2007).

Anhand der Kategorien soll ein Leitfaden entstehen, der aufzeigt, wie ein Personal Brand nach Meinung der interviewten Experten auszusehen hat, und der die Empirie des ersten Teils bestätigt.

Der Leitfaden soll es Persönlichkeiten, die in den digitalen Medien noch nicht als Experten zu ihren Themen auffindbar sind, ermöglichen, sich schrittweise als Personal Brand in den digitalen Medien zu positionieren.

2 Umfeldbeschreibung

2.1 Informationen zur Beraterbranche

Professor Rolf-Dieter Reineke vom Institut Personalmanagement und Organisation (PMO) an der Hochschule für Wirtschaft in der Nordwestschweiz gibt in Gablers Wirtschaftlexikon einen Überblick zur Beraterbranche. „Consulting ist die individuelle Aufarbeitung betriebswirtschaftlicher Problemstellungen durch Interaktion zwischen externen, unabhängigen Personen oder Beratungsorganisationen und einem um Rat nachsuchenden Klienten" (Reineke). Die IT-Beratung unterstützt dabei Unternehmen bei der Gestaltung von Prozessen, die durch Informationstechnologie unterstützt werden. Dabei unterstützt der Consultant den Kunden bei der Einführung von neuen IT-Systemen und -Anwendungen und hilft bei der Systementwicklung und -integration.

Consulting ist eine Dienstleistung, deren Inanspruchnahme seit einigen Jahrzehnten stetig steigt, eine Sättigung des Beratungsmarktes ist noch nicht absehbar. Der Übergang zwischen Consulting und Outsourcing oder anderen Dienstleistungen wird zunehmend fließend.

„Gleichzeitig hat der Trend zu Akquisitionen und Fusionen auch die Beraterbranche erfasst. Früher getrennte Beratungselemente wie die Organisations- und IT-Beratung wachsen weiter zusammen. Auch in den früheren Staatshandelsländern und den Entwicklungsländern besteht ein großer Beratungsbedarf, der sich jedoch aufgrund der wirtschaftlichen Schwierigkeiten und eines noch unterentwickelten Verständnisses für das Wertschöpfungspotenzial des Consultings nicht immer in monetärer Nachfrage äußert. Insgesamt wird für die Consulting-Branche ein besonders hoher Internationalisierungsgrad prognostiziert. Die Organisation von Beratungsunternehmen zeichnet sich generell durch eine flexible Struktur und flache Hierarchien aus" (Reineke).

Meistens sind Beratungsaufträge zeitlich begrenzt, komplex und risikobehaftet. Ihnen wird Projektcharakter zugeordnet. Die Einbindung eines Beraters in die Organisation des Kunden geschieht meist in allen Formen der Projektorganisation. „Die Projektorganisation überlagert die Struktur des Beratungsunternehmens und regelt die Schnittstelle mit dem Klienten" (Reineke).

„Eine Unternehmensberatung kann sowohl intern als auch extern durchgeführt werden. Bei einer externen Unternehmensberatung handelt es sich zumeist um eine tiefgründige Beratung, die bei generellen Veränderungswünschen oder in schwierigen Unternehmenszeiten durchgeführt wird. Eine interne Unternehmensberatung wird häufig dann durchgeführt, wenn es zum Beispiel aufgrund von negativen Veränderungen zu Personalentlassungen kommt, um Personalkosten einzusparen" (Insourcing-Outsourcing.net).

Unternehmensberatungen verfolgen das Ziel, Probleme beim Kunden zu erkennen und daraufhin ein tragfähiges, gutes Konzept mit dem Kunden zu entwickeln. Eine Effizienzsteigerung soll somit erwirkt werden (vgl. Insourcing-Outsourcing.net).

2.2 Große internationale Player

Es gibt zwei konkurrierende Ansätze, die Top-Player der Branche zu erfassen.

Einerseits sind da die sogenannten Big Four – Accenture, Deloite, Ernst&Young (EY) und PricewaterhouseCoopers (PWC) mit jeweils zweistelligen Milliardenumsätzen, die diese mit Wirtschaftsprüfung und Beratung erzielen. Sie beschäftigen jeweils mehr als 100.000 Mitarbeiter und erzielen einen Honorarumsatz zwischen 125.000 und 160.000 US-$ pro Kopf.

Die Consultant Career Lounge hat die Zahlen von 2017 wie folgt zusammengestellt:

- Deloite 38,8 Mrd. US-$ Umsatz mit 263.900 Mitarbeitern
- PWC 31,7 Mrd. US-$ Umsatz mit 236.235 Mitarbeitern
- EY 31,4 Mrd. US-$ Umsatz mit 250.000 Mitarbeitern
- KPMG 26,4 Mrd. US-$ Umsatz mit 197.263 Mitarbeitern

Andererseits gibt es die traditionellen Business Consultants McKinsey & Company, Boston Consulting, Booz & Company, Bain & Company A. T. Kearney sowie die IT Consultants von Accenture, IBM und Microsoft, die in den Rankings regelmäßig auftauchen.

2.3 Nationale Player

In der deutschen Beratungsszene sind einerseits die Beratungstöchter der Konzerne wie Detecon International, T-Systems, Porsche Consulting, MHP u. v. m etabliert, die sich im Umsatzbereich von 100 bis 250 Millionen € bewegen.

Anderseits gibt es Unternehmensberater, die von starken Persönlichkeiten gegründet und geprägt wurden. Unter den Top 10, die seit mehreren Jahrzehnten etabliert sind, hier die bekanntesten Player im Überblick:

- Roland Berger Strategy Consultants (Roland Berger 1967)
- Simon-Kucher & Partners (Prof. Simon 1985)
- Zeb/rolfes.schierenbeck (Rolfes, Schierenbeck 1992)
- Kienbaum Consultants (Gerhard Kienbaum 1945)
- Horváth & Partners (Prof. Horváth 1981)

Davon hat einzig Roland Berger den Sprung über eine halbe Milliarde € Honorarumsatz geschaft, alle anderen bewegen sich ebenfalls um Umsatzbereich von 100 bis 250 Millionen €.

3 Personal Branding in den digitalen Medien

3.1 Digitale Medien

Digitale Medien sind Audio-, Video- und Fotoinhalte, die codiert (digital komprimiert) wurden und über Computernetzwerke übertragen werden können (vgl. Technet Microsoft 2010).

3.1.1 Soziale Medien

„Social Media ist die bidirektionale Online-Kommunikation, die sich durch die Möglichkeit der Partizipation und Interaktion über Social Media sowie durch die Bildung von Gemeinschaften auszeichnet" (Seitz und Eichsteller 2017).

Der Erfolg von sozialen Medien ist bestimmt durch die Möglichkeit, online mit anderen zu interagieren (vgl. Michelis und Schildhauer 2010). Howard Rheingold stellte bereits 2002 fest:

> „Die Killerapplikationen der Mobilkommunikations- und Informationsindustrie von morgen werden nicht Hardwaregeräte oder Softwareprogramme sein, sondern soziale Praktiken. Die weitreichendsten Veränderungen werden (...) aus der Art von Beziehungen, Unternehmen, Gemeinschaften und Märkten entstehen, welche die Infrastruktur ermöglicht" (Rheingold in Michelis und Schildhauer 2010, S. 37).

„Soziale Medien dienen der – häufig profilbasierten – Vernetzung von Benutzern und deren Kommunikation und Kooperation über das Internet" (Bendel). Social-Media-Plattformen unterscheiden sich von anderen Kommunikationskanälen, indem sie einfache und schnelle Many-to-Many-Kommunikation ermöglichen (vgl. Holmes 2015, S. 15).

„Eine Social-Media-Nutzung im Unternehmenskontext erfüllt drei Aspekte:

1. Als Basis dienen Online-Plattformen wie z. B. Facebook, YouTube, Blogs oder Foren.
2. Diese Plattformen werden genutzt, um eine Interaktion mit anderen Menschen zu haben.
3. Aus dieser Interaktion entsteht ein Mehrwert für alle Beteiligten."

   (Holmes 2015, S. 16)

„Social Networks, Weblogs, Microblogs, Wikis und Foto- und Videoplattformen werden als typische Vertreter sozialer Medien angesehen. Aber auch Chats und Diskussionsforen, virtuelle Kontakt- und Tauschbörsen und bestimmte Apps zur Kommunikation und Bewertung kann man bei einem weiten Begriff dazuzählen" (Bendel).

3.1.2 Blogs

„Ein Blog ist auf den ersten Blick eine regelmäßig aktualisierte Website mit chronologisch sortierten Beiträgen, beginnend mit dem aktuellsten Beitrag auf der Startseite, dem ältere Beiträge folgen" (Alby 2007, S. 21).

Der Begriff ist eine Abkürzung des Begriffs Weblog, zusammengesetzt aus den Begriffen web und log; Log wie Logbuch (vgl. Alby 2007, S. 21).

In der Regel ist ein Blog ein chronologisch gestaltetes Tagebuch, welches meist vom Autor persönlich verfasst wurde und nicht den journalistischen Ansprüchen einer Tageszeitung genügt. Blogs weisen eine feste Struktur auf und sind im World Wide Web wie eine Website zu finden. Von der technischen Seite basieren Blogs auf Content Management Systemen wie WordPress (vgl. Gründerszene Lexikon).

Mit der Verfügbarkeit von einfach zu benutzender Blogging Software wurde es für jedermann möglich, einen Blog zu verfassen (vgl. Alby 2007, S. 21).

„Im Gegensatz zu einer persönlichen Homepage (...) handelt es sich bei einem Blog um ständig aktualisierte und kommentierte Tagebuchbeiträge, die mittels der RSS-Technologie (RSS) abonniert werden können" (Kollmann).

3.1.3 Website

„Gesamtheit der hinter einer Adresse stehenden Seiten im World Wide Web" (Duden).

Eine Website besteht aus mehreren Webseiten, welche aus einzelnen HTML-Dokumenten bestehen. HTML-Dokumente sind Dateien für Texte, Grafiken, Video, Audio und Skripte, die im Webserver im Quelltext abgelegt sind. Die Webseiten sind, ausgehend von der Homepage, hierarchisch strukturiert (vgl. ITWissen).

Die Website ist damit die Gesamtheit aller Seiten, die dem Nutzer im Internet zur Verfügung stehen und wird in der Regel über die Homepage des Anbieters erreicht (vgl. Siepermann).

3.1.4 Nutzung digitaler Medien

Die Zahlen zur Nutzung von digitalen Medien sollen aufzeigen, dass eine Positionierung in diesen Medien relevant sein kann.

Laut ARD/ZDF-Onlinestudie nutzten im Jahr 2016 in Deutschland rund 58 Millionen Nutzer das Internet. Die Verweildauer in den digitalen Kanälen beträgt dabei im Schnitt 128 Minuten (vgl. ARD, ZDF). In der Aktualisierung von 2017 wurde festgestellt, dass die Internetnutzung weiter stark zugenommen hatte, sowohl nach Personen als auch nach Nutzungszeit. Nun sind neun von zehn Deutschen im Netz und diese sind öfter und mobiler online.

Die höchsten Nutzungszahlen werden von Personen mit hoher formaler Bildung ausgeübt. Weiterhin lässt sich feststellen, dass der Digitalisierungsgrad mit dem Haushaltseinkommen korrespondiert (vgl. Initiative D21 2017/2018).

„Aktuell nutzen 93 % der Bevölkerung der 14- bis 29-Jährigen und 90 % der 30- bis 49-Jährigen regelmäßig Suchmaschinen im Internet, um dort nach Inhalten und Informationen zu suchen, genutzte digitale Dienstleistungen hängen deutlich vom Bildungsnivau ab (Initiative D21 2017/18).

3.2 Personal Branding

Der Aufbau einer Eigenmarke und positiven Reputation hat an Bedeutung gewonnen. Hierbei lässt sich ein Paradigmenwechsel vom Corporate Brand zum Personal Branding feststellen und die Möglichkeiten des Social Selling gewinnen an Bedeutung. Personal Brands müssen für die richtige Positionierung gewisse Eigenschaften haben.

Der Ursprung liegt bei einem der legendären Management-Vordenker Tom Peters, der 1997 das erste Mal den Begriff Personal Branding verwendete. In Deutschland tauchte der Begriff erstmals 2006 in der WirtschaftsWoche auf. In der Titelstory „Karrierekiller Google" wurde über den digitalen Wandel und die ‚Googlability' einer Person geschrieben.

Das Ziel des Reputationsaufbaus liegt darin, eigene Qualifikationen nach außen zu kommunizieren und durch eine gezielte Inszenierung Expertenstatus und nachhaltige Meinungsführerschaft in den digitalen Kanälen zu erlangen (vgl. Mai 2015). Dabei müssen Brands verschiedene Schritte befolgen, um solch eine Meinungsführerschaft in den digitalen Kanälen zu erlangen.

3.2.1 Vom Corporate zum Personal Branding

Corporate Branding beschreibt die Darstellung eines ganzen Unternehmens als Marke. Corporate Branding geht dabei über die Produktdimension hinaus und versucht, das ganze Unternehmen mit Hilfe der Marke bei den Stakeholdern und der Öffentlichkeit zu verankern (vgl. Geißler 2004).

Personal Branding funktioniert nach dem gleichen Prinzip. Es geht aber nicht wie beim Corporate Branding um die Darstellung der Produkte oder des Unternehmens, sondern um die Person. Der Aufbau dieser Eigenmarke und positiven Reputation hat den Nutzen, im Netz gefunden zu werden und als Experte auf einem bestimmten Gebiet Aufträge zu generieren (vgl. Mai 2015).

Dabei gilt: „Ein tadelloser Ruf ist wie Magie – online wie offline: Er ist in der Lage, den Geist anderer zu verzaubern oder gar zu vernebeln. Im Internet funktioniert das nicht anders wie im realen Leben: Eine gute Online-Reputation und Personenmarke schützt vor Ruf-Attacken" (Mai 2015).

Und dies hat auch Auswirkungen auf ein Unternehmen. Für manche Berufe ist eine entsprechende Positionierung selbstverständlich und Pflicht. Menschen werden gegoogelt und im Bereich der Beratung findet fast immer ein digitaler Vergleich statt (vgl. Mai 2015).

3.2.2 Definition Personal Branding

Personal Branding ist die Markenbildung eines Menschen und die Herausbildung eines Expertenstatus (vgl. Fichtel).

Dabei soll nicht das Unternehmen, sondern die eigene Person inklusive Persönlichkeit und fachlicher Kompetenz abgebildet werden und die individuellen Anliegen sollen dem Nutzer sichtbar gemacht werden (vgl. Mai 2015).

Die berufliche Laufbahn soll durch „gezieltes Reputationsmanagement in der Öffentlichkeit" etabliert werden (vgl. Evsan 2015c). „Als Personal Brand ist man Experte und Meinungsführer. Man zeigt, warum man die ideale Besetzung für eine Position ist, für welche Kompetenzen man steht und hebt sich so aus der Masse heraus" (Evsan 2015a).

3.2.3 Definition Social Selling

„Als Social Selling wird das Managen von sozialen Beziehungen verstanden mit der Zielsetzung, die Abverkäufe eines Produkts oder einer Dienstleistung zu erhöhen" (Onpulson).

„Dies geschieht über soziale Netzwerke wie z. B. LinkedIn, Facebook, Twitter, Xing oder Pinterest. Social Selling kann jedoch auch offline stattfinden.

Typische Social-Selling-Techniken sind:

- Content Sharing in Communities
- Direkte Kommunikation mit vorhandenen oder potenziellen Kunden
- Personen Marketing" (Onpulson)

Social Selling rückt dabei immer mehr in den Fokus. Dies hat einen einfachen Hintergrund. Suchmaschinen wie bspw. Google sind zum größten Filter unserer Zeit geworden. Wer bei Google auf der ersten Seite und am besten auf den ersten Plätzen auftaucht, hat die größten Chancen wahrgenommen zu werden und sein Produkt oder seine Dienstleistung an den Mann zu bringen (vgl. Evsan 2015).

3.2.4 Eignung als Personal Brand

Die Eignung von Personal Brands basiert auf unterschiedlichen Faktoren, wie der richtigen Positionierung als Experte, der Loyalität im Zusammenhang mit Personal Branding im Unternehmen und der richtigen Positionierung der Fähigkeiten.

Expertenstatus

Als Experte gilt differentialpsychologisch eine Person, die regelmäßig überdurchschnittlich hohe Leistungen in einem Bereich zeigt. Diese Person, die auf einem Gebiet dauerhaft herausragende Leistungen erbringt und aus wissenspsychologischer Sicht Expertise durch umfangreiches und hochorganisiertes Wissen erlangt und diese zur Problembewältigung erfolgreich benutzt hat, kann sich zwischen deklarativem und prozeduralem Wissen unterscheiden. Deklaratives Wissen bezieht sich dabei auf Fakten und prozedurales Wissen auf automatisierte Handlungen (vgl. Online-Lexikon für Psychologie und Pädagogik).

Ein Experte ist anhand von drei Eigenschaften erkennbar:

- „**Effizienz**: Experten erledigen innerhalb eines bestimmten Zeitraums eine überdurchschnittliche Anzahl von Aufgaben mit unterdurchschnittlichem Aufwand (Zeit, Fehlerquote usw.).
- **Bereichsspezifisches Wissen und Können**: Experten zeichnen sich durch ein umfangreiches und differenziertes Wissen sowohl über Sachverhalte und Gesetzmäßig-

keiten als auch über bereichsspezifische Methoden und Prozeduren zur Problembewältigung aus.

- **Erfahrung**: Um den Expertenstatus zu erreichen, bedarf es in der Regel einer langjährigen Auseinandersetzung mit dem entsprechenden Fachgebiet." (Online-Lexikon für Psychologie und Pädagogik)

Loyalität

„Loyalität bezeichnet die Bereitschaft, einem Menschen, einem Projekt oder einem Unternehmen gegenüber Treue zu beweisen, wenn diese in Frage gestellt wird. Von Loyalität spricht man beispielsweise bei Mitarbeitern einer Firma, die sich resistent gegenüber Abwerbern zeigen und Jobangebote fremder Firmen ausschlagen" (Definition-online.de).

Positionierung

Beim Personal Branding muss der Experte nachhaltige und solide Netzwerkarbeit leisten. Seine Kommunikation muss eine hohe Nutzerrelevanz aufweisen. Es müssen tragfähige Beziehungen aufgebaut werden und eine klare Positionierung zu den bestimmten Themen stattfinden (vgl. Mai 2015).

Ziel des Aufbaus ist Image und Reputationspflege sowie die Positionierung der eigenen Qualifikationen und Kompetenzen, welche nach außen kommuniziert werden. Themen und Schwerpunkte müssen bei der Positionierung mit Bedacht ausgewählt werden, damit Inkompetenz oder weniger zukunftsträchtige Themen nicht zum Tragen kommen (vgl. Mai 2015).

4 Allgemeine Schritte zum Personal Brand

4.1 Personal-Branding-Konzepte

Personal Branding steht im Zusammenhang mit erfolgreicher Selbstvermarktung. Es geht dabei um erfolgreichen Imageaufbau, Wahrnehmung in der Öffentlichkeit und eine starke Positionierung. „Die eigentliche Arbeit, die jeder Personal-Branding-Kandidat vor dem Aufbau unternehmen muss, findet im Stillen statt, in einer offenen Selbstreflexion. Denn die Positionierung als Personal Brand beschäftigt sich hauptsächlich mit der eigenen Person, mit Stärken und Schwächen und persönlichen Vorstellungen" (Evsan 2015b).

Dabei gibt es unterschiedliche Herangehensweisen, die jedoch das gleiche Ziel erreichen sollen. Die Selbstreflexion, hier vorgestellt in drei möglichen Vorgehensweisen des internationalen Beratungsunternehmen Price Waterhouse Coopers (PWC), des Personal-Branding-Experten Ibrahim Evsan und der SocialTradeMark GmbH sowie der Detecon International GmbH.

4.1.1 PWC Leitfaden

Das globale Beratungsunternehmen PricewaterhouseCoopers (PWC) gibt seinen Mitarbeitern einen Leitfaden an die Hand, der es ihnen ermöglichen soll, sich als Personal Brand zu positionieren. Dabei wird in mehreren Schritten das Profil erstellt und validiert.

PWC fängt mit einer Einleitung an und zeigt auf, warum man sich als Person als Personal Brand positionieren soll. Die Herausforderung ist, aus der Masse herauszustechen und Rekruter und Kunden mit einem einzigartigen und authentischen Ich zu beeindrucken (vgl. PWC).

- Schritt 1 – Stärken-Profil
- Schritt 2 – Schwächen-Profil
- Schritt 3 – Persönliche Werte
- Schritt 4 – Passion
- Schritt 5 – Zweck
- Schritt 6 – Erstellen der Brand

Schritt 1 – Stärken-Profil

Am Anfang sollen die Stärken der Person herausgestellt werden. Dafür werden Fragen wie ‚Was war dein erfolgreichstes Projekt?' oder ‚Was ist dein „go-to"-Skill?' abgefragt. Nachdem man vier Fragen zum inneren Zustand beantwortet hat, folgen fünf Fragen zu den Schlüssel-Stärken. Das Ergebnis ist eine Mindmap über die Stärken der Person.

Schritt 2 – Schwächen-Profil

Im zweiten Schritt wird sich der Kandidat über seine Schwächen bewusst. PWC ist dabei klar, dass jeder Berater Schwächen hat und will diese Schwächen bewusst herausstellen. Dies funktioniert, indem die Person sich über die möglichen Probleme im Klaren ist: „Weaken your weaknesses". Dabei beantwortet der Kandidat in vier Fragen, welche Schwächen er bei sich vermutet, zum Beispiel beantwortet er die Frage: Wenn ich mit einem überwältigenden Hindernis konfrontiert bin, wann ist es wahrscheinlich, dass ich aufgebe?

In drei weiteren Schritten soll der Kandidat daraufhin die drei Hauptschwächen erkennen und die Fähigkeiten aufzeigen, die ihm helfen, diese Schwächen zu überwinden. Als letzter Schritt werden die Schwächen von Kollegen validiert und erneut in vier Fragen erläutert und aufgeschrieben.

Schritt 3 – Persönliche Werte

Im sehr wichtigen dritten Schritt legt der Berater seine Werte fest. Wie reagiert der Kandidat, wenn seine Rechenschaftspflicht verletzt wird? Der Berater wählt hierbei ein oder zwei Werte, die für ihn am meisten kritisch sind und seinen Erfolg und sein Glück am meisten beeinflussen können.

Schritt 4 – Passion

Laut PWC beeinflussen die Leidenschaften die Handlungen der Berater. Wenn man seine Passion in seine Arbeit integriert, geht man mit mehr Engagement, Begeisterung und Inspiration ans Werk. Erneut sollen vier Fragen die Passion herausfinden. Diese wird danach erneut gefiltert und validiert. Der letzte Schritt bei der Passion soll es ermöglichen, die herausgefundene Passion im Job zu aktivieren.

Schritt 5 – Zweck

Schritt 5 geht auf den Zweck ein. Warum sind wir hier? Dabei wird betrachtet, wie die Zukunft des Beraters aussehen soll. Welchen Schritt will dieser noch verwirklichen und welche Auswirkungen hat dies auf seine Mitmenschen? In fünf Fragen werden die Antworten herausgefiltert, bspw. mit der Frage „Wer nimmt an meiner Reise teil?" oder „Wie kann ich meine Passion ausüben?". Daraufhin werden die Werte erneut validiert und abschließend aktiviert.

Schritt 6 – Erstellen der Brand

Der letzte Schritt besteht darin, die Optionen zu finden, die man als Personal Brand ausspielen will. Alle vorherigen Bereiche werden erneut aufgezählt und auf das Wesentliche gefiltert. Das potenzielle Personal Brand soll sich über die ausgeführten Schritte erneut klarwerden.

4.1.2 Social Trademark Personal Branding Canvas

Canvas ist die englische Bezeichnung für Leinwand und wurde bekannt, als man versuchte, im Innovationsmanagement alle Kernelemente einer neuen Geschäftsidee auf einem DIN-A2-Blatt zu Papier zu bringen. „Der Business Model Canvas (BMC) ist ein aus neun Elementen bestehendes Plakat zur Definition und Dokumentation eines Geschäftsmodells. Erfinder des Business Model Canvas ist Alexander Osterwalder, der in seinem Buch „Business Model Generation. A Handbook for Visionaries, Game Changers and Challengers" (Osterwalder, Alexander und Pigneur, Yves, 2010, John Wiley & Sons) den Entwurf eines Geschäftsmodells mit Hilfe des Business Model Canvas beschreibt" (Angermeier 2015).

Das Personal Branding Canvas der Social Trademark GmbH ist ähnlich dem ursprünglichen Business Model Canvas aufgebaut und fragt in zwölf Schritten die wesentlichen Informationen ab, die ein Personal Brand für die erfolgreiche Positionierung erarbeiten muss (vgl. Evsan 2015b).

Schritt 1 – Wer bist du?

Welche Informationen soll die Zielgruppe über die Person erfahren?

Dabei wird wesentlich auf den beruflichen Werdegang und die Interessengebiete eingegangen. Die Werte der Personal Brands werden abgefragt, ebenso wie sich die Brand persönlich und beruflich weiterentwickeln will, welche Passionen die Brand hat und welche Visionen verwirklicht werden sollen.

Schritt 2 – Was machst du?

Welche beruflichen Tätigkeiten übst du aus?

Hier sind konkrete Tätigkeiten und berufliche Erfahrungen gemeint. Es geht darum, Tätigkeitsbereiche genau zu definieren und einen Einblick in Arbeit und Arbeitsweise zu geben. Ein breites Spektrum an professionellen, unterschiedlichen Erfahrungen kann ebenso dargestellt werden wie einzelne, wenige Arbeitsbereiche im Detail. Auch Kundenmeinungen, Feedback und Empfehlungen gehören dazu. Arbeitsmaterialien sowie Arbeitsproben, die die Arbeit beschreiben, runden das Bild zusätzlich ab."

Schritt 3 – Welchen Nutzen bietest du?

Was bietest du deiner Zielgruppe, damit sie dir online folgt?

Bietet man als Personal Brand Branchenlösungen oder gibt es andere Fähigkeiten, die einem eine Leserschaft garantieren? Die Tätigkeit, die die Personal Brand innehat, spricht eine bestimmte Zielgruppe an und diese Zielgruppe kann von den Erfahrungen profitieren. Bei der Positionierung muss klar erkennbar sein, inwiefern die Darstellung für andere nützlich sein kann. Dies kann eine Dienstleistung, ein Produkt oder auch fachlicher Austausch sein und sollte Emotionen wecken.

Schritt 4 – Wie positionierst du dich?

Wie wird deine Marktposition im Vgl. zu Konkurrenten wahrgenommen?

Der potenzielle Brand setzt sich hierbei mit möglichen Konkurrenten auseinander, was macht ihn einzigartig und unterscheidt ihn von anderen Personal Brands.

Schritt 5 – Wer ist deine Zielgruppe?

„Für wen schaffst du einen Mehrwert?"

Wie spricht man seinen Kunden gezielt an, hat man bereits eine Community? Wichtig ist es, eine Leserschaft erfolgreich zu genereien.

Schritt 6 – Wie ist dein Business-Stil?

Wie begegnest du deinen Geschäftspartnern und Kunden?

Die professionelle Kompetenz ist wichtig für die erfolgreiche öffentliche Darstellung. Jedoch festigen sich Beziehungen in persönlichen Begegenungen und deshalb ist die Art der Kommunikation ausschlaggebend. Es muss eine klare und authenthische Weise gefunden werden, die der Persönlichkeit der Brand entpsricht.

„Kommunikation umfasst sowohl die verbale Ausdrucksfähigkeit, die Ausdrucksform, den Schreibstil, die bevorzugten Kommunikationsmittel als auch die nonverbale Kommunikation wie Körpersprache und äußerliche Merkmale."

Schritt 7 – Wie und warum bist du glaubwürdig?

Was sind die Kern-Assets in deinem Portfolio?

Glaubwürdigkeit setzt sich aus dem eigenen Auftreten sowie faktischen Belegen der Professionalität, dem eigenen Einsatz und den erworbenen Qualifikationen zusammen. Dabei geht es nicht nur um Ausbildungsstätten, sondern auch um persönliche Erfahrungen, Verantwortung und Verpflichtungen, die nebenberuflich eingegangen wurden.

Schritt 8 – Welches sind deine No-Gos beim Sharing?

Welche Themen, Inhalte, Aussagen und Bilder dürfen auf keinen Fall beim Teilen von Inhalten über Blogs und soziale Netzwerke vermittelt und genutzt werden? Hauptbestandteil des Personal Brandings ist die Kommunikation, der Austausch mit Kollegen, mit potenziellen Kunden und Geschäftspartnern. Dazu werden häufig Social-Media-Kanäle verwendet.

Trotz einer klaren Positionierung muss der Personal Brand immer wieder entscheiden, wie er sich zu Inhalten und Themen positionieren und welche Botschaft er senden will. Im Vorfeld sollte deshalb festgelegt werden, welche Informationen nur privat und welche öffentlich genutzt werden sollen.

Schritt 9 – Was sind deine persönlichen Empfehlungen?

Welche Inhalte, Texte, Themen etc. willst du unbedingt mit anderen teilen?

Mit eigenen Empfehlungen kann ein Personal Brand unterschiedliche Menschen erreichen und Interessengemeinschaften schaffen. Diese Inhalte können die persönliche Seite zeigen und dürfen auch private Einblicke enthalten.

Schritt 10 – Wie wirst du bei deiner Zielgruppe bekannt?

Welche Ansätze möchtest du nutzen?

Je nach Branche können unterschiedliche Herangehensweisen genutzt werden, um die Zielgruppe anzusprechen. Dies kann über regelmäßige Postings, Artikel, Whitepaper oder auch Pressemitteilungen erfolgen.

Schritt 11 – Für welche Ziele willst du Zeit, Geld und Energie investieren?

Deine Investitionen in wichtige Partner, Aktivitäten und Ressourcen. Investition bezieht sich auf Zeit, Geld und Qualifikation. „Für das Personal Branding muss ein Rahmen geschaffen werden, an den die Strategien und Konzepte angepasst werden. Die Zeit ist häufig ein Faktor, der Menschen daran hindert, gezielt an ihrer Außendarstellung zu arbeiten" (Evsan 2015b). Deshalb wird empfohlen, Personal Branding fest im Terminkalender zu verankern.

Schritt 12 – Wie willst du wahrgenommen werden?

Was soll über dich erzählt werden? Welche Resultate oder Vorteile wünschst du dir durch Personal Branding? Welche Ziele willst du durch deine Internetpräsenz bestenfalls erreichen?

Diese abschließenden Fragen nach eigenen Zielen und Vorstellungen bestimmen das Handeln, das Auftreten und das gesamte Paket der Personal-Branding-Maßnahmen. An dieser Stelle steht noch einmal die direkte und ehrliche Auseinandersetzung mit persönlichen Wünschen und Zielvorgaben. Die Auffassung, was letztlich ein erfolgreiches Personal Branding darstellt, ist subjektiv."

Nach diesen zwölf Schritten sind genügend Informationen gesammelt worden, um seine Contentstrategie aufzusetzen und die entsprechenden Kanäle dafür einzurichten.

„Personal Branding ist facettenreich, komplex und zeitintensiv. Mithilfe des Personal Branding Canvas kann Personal Branding übersichtlich und strukturiert angegangen werden. Das Ergebnis ist dann eine ganzheitliche, einheitliche und glaubwürdige Außendarstellung" (Evsan 2015b).

4.1.3 Detecon Digital Media Readiness Canvas

Die Detecon International GmbH hat im Laufe des Projekts CODE (Center of Digital Excellence) einen eigenen Personal Branding Canvas mit sieben Dimensionen entwickelt. Er soll dem Berater helfen, sein Profil in den Medien einzustellen. Dabei werden folgende Bereiche behandelt und durch Fragen zu konkreten Aufgaben umformuliert.

DIGITAL MEDIA READINESS CANVAS

<table>
<tr>
<td rowspan="2">ZIELGRUPPEN
Wen möchte ich ansprechen?
Welche Zielgruppe möchte ich erreichen?
Wer ist meine wichtigste Zielgruppe</td>
<td rowspan="2">VALUE PRPOSITION
Was macht mich aus und wofür will ich stehen?
Welche Mehrwerte und Nutzen biete ich meiner Zielgruppe?
Welche Bedürfnisse meiner Zielgruppe bediene ich?
Welches Know-How macht mich glaubwürdig?</td>
<td rowspan="2">KANÄLE
Auf welchen Kanälen sind meine Zielgruppen aktiv?
Welcher Kanal eignet sich für welches Ziel?</td>
<td>AKTIVITÄTEN
Auf welchen Kanälen bin ich aktiv?
Welche Aktivitäten sind zum Vermitteln meiner Value Proposition notwendig?</td>
</tr>
<tr>
<td>SKILLS
Welche Fähigkeiten besitze ich bereits?
Welche Fähigkeiten brauche ich zusätzlich, um meine Ziele zu erreichen?</td>
</tr>
<tr>
<td colspan="2">ZIELE
Was möchte ich bei welcher Zielgruppe erreichen?
Was möchte ich vermeiden? Was sind Nicht-Ziele?</td>
<td colspan="2">AUFWAND
Zeit:
Wieviel Zeit pro Woche kann und will ich investieren?
Relevante Inhalte:
Woher/von wem bekomme ich meine Inhalte (wenn benötigt)?</td>
</tr>
</table>

Abb. 2: Digital Media Readiness Canvas

Zielgruppen

Bei der Zielgruppe wird auf folgende Fragen eingegangen: Wen möchte ich ansprechen, welche Zielgruppen möchte ich erreichen und wer ist meine wichtigste Zielgruppe? Dieser Fokus soll dabei helfen, dass die Berater gezielt die richtigen Menschen ansprechen, die sie in ihrem beruflichen Kontext weiterbringen.

Ziele

Bei den Zielen schreibt der Berater auf, was er bei welcher Zielgruppe erreichen will und auch, was er vermeiden möchte. No Go´s aufzuschreiben, soll dabei helfen, einen möglichen Shitstorm zu vermeiden. Für viele Menschen sind solche No Go´s in den sozialen Netzwerken Bilder der Familie oder Informationen über persönliche Aktivitäten.

Value Proposition

Die Value Proposition geht auf die Glaubwürdigkeit der Personen ein und fragt ab, wofür der Berater stehen will. Weiterhin wird abgefragt, welche Mehrwert und Nutzen der Berater bietet, welche Bedürfnisse er bedient und was ihn glaubwürdig macht. Die Bedürfnisse können unterschiedlicher Natur sein, Beiträge können ein Erfahrungsbericht, Bewertungen oder persönliche Empfehlungen sein. Glaubwürdigkeit ist in den sozialen Netzwerken sehr wichtig und deshalb ein zu beachtender Punkt.

Kanäle

Die Kanäle sollten breit gestreut und am besten für die anvisierte Zielgruppe geeignet sein. Die Kanäle können sich von den unterschiedlichen Zielen unterscheiden.

Aktivitäten

Die Aktivitäten spiegeln den aktuellen Stand wider und sollen bei dem Berater die Frage aufbringen, auf welchen Kanälen er aktiv sein muss, um seine Zielgruppe zu erreichen. Es kann sein, dass durch diese Frage die Notwendigkeit neuer Kanäle in den Fokus rückt.

Skills

Die Skills sollen die notwendigen Fähigkeiten beleuchten und die Frage nach zusätzlichen Skills aufwerfen. Die Detecon bietet dafür Seminare an, um diese Fähigkeiten zu erlernen.

Aufwand

Der letzte Punkt „Aufwand" ist besonders in der Beraterbranche wichtig, da der Zeitaufwand meist sehr gering ausfallen soll. Hierbei wird auf die Punkte „Wie viel Zeit pro Woche kann und will ich investieren?" und „Wo bekomme ich zeitgünstig Inhalte her?" eingegangen.

4.2 Ableitung eigener Leitfaden

Aus den drei vorgestellten Personal-Branding-Approaches wird ein eigener Leitfaden abgeleitet, den Personal-Branding-Kandidaten durchlaufen sollten, um ihr Profil zu schärfen.

Personal Branding beginnt immer mit der Selbstreflexion. Bevor man die ersten Schritte in den digitalen Medien unternimmt und den Reputationsaufbau vorantreibt, sollte man entsprechende Eckpunkte schriftlich dokumentieren (Mai 2015).

4.2.1 Stärken

Menschen, die sich als eine starke Marke verstehen, sind sich klar darüber, wer sie sind. Sie kennen ihre Stärken und maximieren diese. Um ein Personal Brand aufzubauen, muss man seine einzigartigen Fähigkeiten entdecken und definieren, um sich von der Masse abzuheben (vgl. PWC).

Der Aufbau des Personal Brands beginnt also mit der Klarheit über seine Stärken. Was sieht man in sich selbst und was sehen andere in einem? Durch externes Feedback kann man überprüfen, was andere denken und was die Qualitäten sind, die einen von anderen abheben.

Das Personal Branding Canvas geht bei den Stärken auf diese Fragen ein:

- Wer bist Du?
- Was machst Du?
- Warum bist Du glaubwürdig? (Vgl. Evsan 2016)

Ein breites Spektrum an Erfahrungen kann hier dargestellt werden, genauso wie einzelne Bereiche, die das Stärken-Profil untermauern.

Konkrete Fragen laut dem Branding Canvas von PWC sind:

- Was war das erfolgreichste Projekt, das ich je in Angriff genommen habe, und was hat mich erfolgreich gemacht?
- Was war die wichtigste Team-Rolle, die ich je erfüllt habe und warum?
- Wenn ich mit einem schwierigen Hindernis konfrontiert war, was war mein „go to"-Skill, um es zu überwinden?
- Was sind meine Stärken? Was mache ich besser als alle anderen? (Vgl. Arruda 2013)

Diese Fragen zu beantworten, ist der erste Schritt in Richtung Personal Branding. Nachdem das erledigt ist, kann man beginnen, die Selbstwahrnehmung mit Feedback von anderen zu validieren (vgl. PWC).

4.2.2 Schwächen

Jeder hat Schwächen. Schwächen können Dinge sein, die einen nicht interessieren, oder Bereiche, in denen man keine Energien konzentriert.

„Halte deine Freunde nah, aber deine Feinde noch näher" (Sunzi). Das Gleiche gilt für die Stärken und Schwächen. Es ist gleichermaßen wichtig, seine Stärken und seine Schwächen zu kennen (vgl. PWC).

Es ist jedoch effektiver, sich auf seine Stärken zu berufen und diese aufzubauen. Man braucht unglaublich viel Energie und Motivation, seine Schwächen auszumerzen, im Gegensatz zum Ausbau der Stärken (vgl. Raif 2015).

Jedoch sollte man sich der Schwächen durch aus bewusst sein, denn es gilt: „Weaken your Weakness" (PWC) – schwäche deine Schwächen. Der Personal Brand sollte sich im Klaren darüber sein, wo seine Grenzen sind. Welche Grenze will ich nicht überschreiten, in welcher Situation scheitere ich eher? Eine Person, die sich ihrer Schwächen bewusst ist, kann diese eher umgehen oder überspielen. Die Person kann nach dem Eingeständnis der Hauptschwächen weiterhin Taktiken und Fähigkeiten aufzeigen, die helfen, die Schwäche zu überwinden (vgl. PWC).

4.2.3 Passion

Leidenschaft ist der Kraftstoff, der einen antreibt. Wenn man seine Leidenschaft integriert und um sich herum ein Kraftwerk aus Begeisterung, Engagement und Inspiration schafft, wird man erfolgreich werden. Da man dann erst mit seiner Leidenschaft für das jeweilige

Thema eintritt. Passion kann eine positive Rolle sowohl bei der Arbeit als auch im Spiel spielen. Diese Fragen helfen, seine Leidenschaften zu entdecken:

- Was würde ich machen, wenn ich kein Geld bekommen würde?
- Was sind meine Lieblingsaktivitäten?
- Zu welcher Art von Menschen habe ich Bezug? (Vgl. PWC)

Weiterhin können persönliche Empfehlungen Interessengemeinschaften schaffen. Solche Inhalte geben private Einblicke und zeigen die persönliche Seite. Dabei sollte der Kandidat die Frage, welchen Inhalt will ich unbedingt mit anderen teilen, beantworten (vgl. Evsan 2015b).

In der Value Proposition soll der Personal-Branding-Kandidat die Passion mit der Frage „Was macht mich aus?" beantworten. Die Leidenschaft für ein Themengebiet ist einer der wichtigsten Faktoren für die spätere Positionierung und zahlt auch auf die Glaubwürdigkeit ein: Welches Know-how macht mich glaubwürdig? (vgl. Center of Digital Excellence 2016).

4.2.4 Feedback von Kollegen & Freunden

Wie erleben andere meine Stärken? Würden sie meiner Einschätzung zustimmen? Es gibt dazu mehrere Möglichkeiten.

Bei der Personal Impact Survey fragt man Menschen aus allen Bereichen des Lebens. Man fragt Freunde, Familie, Mitschüler, Lehrer, Mentoren, Arbeitgeber und andere mehr, die wissen, was ich als Einzelperson oder als Teil eines Teams leisten kann. Um die richtigen Ergebnisse zu erhalten, sollte man die Umfrage anonym machen (vgl. PWC).

Dafür kann der Personal Brand Personen fragen, die er gut kennt. Dies kann persönlich erfolgen oder über eine papierbasierte Version einer Umfrage oder per E-Mail. Weiterhin kann man auch seine Social-Media-Kontakte fragen, ob sie einem helfen, seine Stärken herauszufinden. Zum Beispiel mit der Frage:

Was denkt ihr, sind meine größten Stärken? (Vgl. PWC)

Zusammengefasst beantwortet man mit Kollegen und Freunden folgende Fragen:

- Welchen Nutzen biete ich als Personal Brand?
- Welche Fähigkeiten heben mich von meiner Konkurrenz ab und garantieren mir eine Leserschaft?
- Warum bin ich glaubwürdig und was sind meine Kern-Eigenschaften? (Vgl. Evsan 2016)

4.2.5 Zweck

Als letzten Punkt vor der strategischen Ausrichtung sollte der Personal-Branding-Kandidat den Zweck seiner Aktionen für die externe Sicht definieren: „Warum bin ich hier?" Wie bei der Passion, reicht diese Antwort über den Tellerrand hinaus, denn sie geht nicht nur auf die jetzige Situation der Person ein, sondern kann ein Leben lang verfeinert werden. Und es ist an einem selbst, die Antwort zu entdecken und zu definieren (vgl. PWC).

4.2.6 Strategieausrichtung Personal Brand

Nach der Abbildung der Stärken und Schwächen, der Passion und der Validierung durch Kollegen und Freunde muss der Experte noch einige Fragen hinsichtlich seiner Strategie für die Positionierung beantworten. Der Kandidat sollte sich jetzt über seine Persönlichkeit im Klaren sein und weiß bereits, wie andere Menschen über ihn denken. Jetzt geht er auf die Faktoren von außen ein, die sein Verhalten in den digitalen Medien mitbestimmen.

Wer ist meine Zielgruppe? Wen möchte ich in der digitalen Welt ansprechen? Wie spreche ich meine Kunden gezielt an und habe ich bereits eine Community? Wichtig ist es, eine Leserschaft erfolgreich zu genereien (vgl. Evsan 2015b; Center of Digital Excellence 2016).

Wie ist mein Business-Stil? Es muss eine klare und authenthische Weise gefunden werden, die der Persönlichkeit der Brand entspricht (vgl. Evsan 2015b).

Wie viel Aufwand, wie viel Zeit pro Woche kann und will ich investieren und wo bekomme ich zeitgünstig Inhalte her? (vgl. Center of Digital Excellence 2016).

Abschließend stellt sich die Frage nach eigenen Zielen und Vorstellungen, die das Handeln der Personal-Branding-Maßnahmen beeinflussen werden. Es sollte eine direkte und ehrliche Auseinandersetzung mit den persönlichen Wünschen und Zielvorgaben erfolgen. Der Erfolg ist dabei ein subjektiver Faktor und kann nicht genau betitelt werden (vgl. Evsan 2015b).

4.3 Weitere Erfolgsfaktoren

4.3.1 Profilbild

„Ein Foto kann über beruflichen Erfolg oder Misserfolg entscheiden" (Priebe 2015). Die Auswahl des Profilbildes kann entscheidend sein für den Erfolg in sozialen Netzwerken, nicht nur in den beruflichen Netzwerken wie Xing oder LinkedIn, sondern auch auf Twitter, Facebook und Co.

„Im Rahmen der Studie ‚Modeling first impressions from highly variable facial images' analysierten Psychologen der University of York 1.000 Fotos von Gesichtern und prüften diese auf den ersten Eindruck, den sie vermittelten" (Priebe 2015).

Die Ergebnisse zeigen, dass man von drei Hauptbotschaften ausgehen kann, nämlich Zugänglichkeit (Approachability), Jugendlichkeit-Attraktivität (Youthful-Attractiveness) und Dominanz (Dominance) (Priebe 2015).

Im Einzelnen sind mit den Kategorien folgende Fragen verknüpft:

- Zugänglichkeit:
  „Möchte mir diese Person helfen oder schaden?"
- Jugendliche Attraktivität:
  „Ist diese Person ein passender Partner oder ein Rivale?"
- Dominanz
  „Kann mir diese Person helfen oder schaden?" (Priebe 2015)

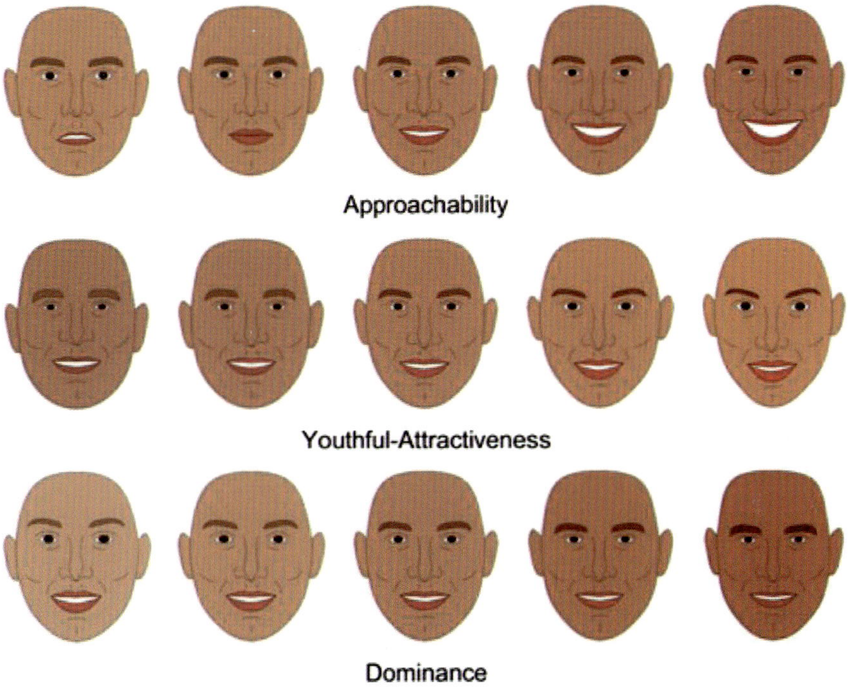

Abb. 3: Gesichter-Wahrnehmung

Insgesamt sind 65 Einflussfaktoren definiert, die die Einschätzung bei der Wahrnehmung einer Person beeinflussen. Die Ergebnisse sind in Abbildung 3 zur Orientierung dargestellt – die Grafik zeigt die drei Kategorien in ihrer Ausprägung von links nach rechts in ihren Extremen (schwach zu stark).

Bei der Auswahl eines Profilbilds können die Masken zum Vergleich herangezogen werden – je nachdem, wie man sich und seine Personal Brand definieren möchte (Priebe 2015).

4.3.2 Bilderwelten

Personal Branding braucht nicht nur gute Persönlichkeitsprofile, sondern auch starke Bilderwelten. Richtig ausgewählt, bleiben Bilder und visuelle Elemente lange im Gedächtnis.

> „Leser suchen das persönliche Erlebnis. Sie wollen von echten Menschen mit echten Geschichten hören und lesen. Selbst in der Kundenbindung sind Faktoren wie Glaubwürdigkeit und Authentizität enorm wichtig. Sie beeinflussen auch die Art der öffentlichen Darstellung und die Vermarktungsstrategien im Internet" (Evsan 2015d).

Als Positivbeispiel kann der Vine Kanal des Weißen Hauses in Washington angeführt werden. Diese weltbekannte Institution verschickt sehr persönliche (Bewegt-)Bildbotschaften.

In den digitalen Medien und besonders im Personal Branding sind authentische Menschen gefordert. Echte Bilder bedienen die Glaubwürdigkeit und Authentizität von Menschen. Bei der Positionierung sollte der Personal Brand kreativ und innovativ Bilder verwenden und eine Verbindung zwischen visuellem und textlichem Content herstellen.

Es bleibt festzustellen, dass Fotos, Illustrationen und Grafiken die Informationsverarbeitung für Menschen erleichtern. Wissenschaftlich wird dies als Picture Superiority Effect bezeichnet. Beim Lesen eines reinen Textes kann man sich nur an zehn Prozent des Inhalts erinnern, während bei Bildern noch nach drei Tagen Chancen auf 65 Prozent Präsenz bestehen. Gutes Design und die richtige Darstellung stehen zudem für Professionalität und Glaubwürdigkeit (vgl. Evsan 2015d).

4.3.3 Titelbild

Bei dem Titelbild ist es wichtig, kein übliches Stockfoto zu nehmen. Das Bild sollte unaufgeregt sein, damit der Fokus auf das Profilbild fällt.

„Das Titelbild einer Facebook-Seite ist ein Aushängeschild. Für die optimale Darstellung musst du bei der Gestaltung darauf achten, dass Facebook die Titelbilder an unterschiedlichen Geräten anders darstellt und Bereiche abgeschnitten werden" (Hirsch 2016).

Dies gilt auch für alle anderen sozialen Netzwerke, bei denen ein Titelbild festgelegt werden kann. Einheitlichkeit über alle Netzwerke verstärkt wie im traditionellen Produktmarketing die Branding-Effekte.

4.3.4 Customer URL

„Wenn Sie eine benutzerdefinierte URL (Uniform Resouce Locator = Internetadresse) haben, können Sie Menschen eine kurze, leicht zu merkende Internetadresse geben" (Google Support 2016).

In verschiedenen sozialen Netzwerken wie LinkedIn, XING oder Twitter kann sich der Nutzer eine eigene URL anlegen. Dies kann Vorteile bei der Auffindbarkeit des Profils haben.

SEO Relevanz Customer URL

Eine URL ist ein wichtiger Faktor für die Suchmaschinen-Optimierung (SEO). Sie spiegelt die Seitenarchitektur wider und sollte aus Suchmaschinensicht nicht verändert werden. Damit Suchmaschinen die URL durch deren Robots auslesen können, muss die URL lesbar sein, d. h. sie sollte in ASCII Zeichen übersetzt sein und wenige kryptische Zeichen enthalten (vgl. OnPage.org GmbH).

5 Konkrete Schritte zum Personal Brand in sozialen Medien

5.1 Settings Twitter und Business Networks

Personal Branding basiert auf nachhaltiger und solider Netzwerkarbeit und einer Kommunikation mit hoher Nutzerrelevanz. Doch zuerst müssen die Profile in den sozialen Netzwerken die Relevanz des Personal-Branding-Kandidaten für solch einen Dialog nachweisen können. Für diese Einstellungen gibt es einen Kriterienkatalog und Tipps für den perfekten Umgang mit den verschiedenen Netzwerken.

5.1.1 Twitter

Twitter ist ein sogenannter Micro-Blogging-Dienst, der der Gruppe soziale Medien zugeordnet werden kann. Bei Twitter schreiben die Nutzer Kurzmeldungen in einer Länge von mittlerweile maximal 280 Zeichen, die in Echtzeit veröffentlicht werden. Seit April 2007 agiert Twitter als eigenes Unternehmen und hat im Business-Umfeld sowie international an Bedeutung gewonnen (vgl. Düweke und Rabsch 2012).

Kommunikation über Twitter

Twittern ist bestens für einen direkten Austausch mit Kunden und Interessenten geeignet. Die Gespräche sollten informativ und unterhaltsam sein und in Echtzeit erfolgen. Kunden warten in der Regel wenige Stunden auf eine entsprechende Antwort.

Der Personal-Branding-Kandidat sollte authentisch und emotional in einem transparenten Gespräch agieren. Es kann für das Gegenüber hilfreich sein, wenn Einblicke in spezielle Abläufe gewährt werden. Weiterhin ist Aktualität Grundvoraussetzung für Twitter.

Kurz-Biographie

In der Kurz-Biographie hat man mit 160 Zeichen ein kleines Textfeld, welches man sinnvoll füllen muss. Wer hier gut arbeitet, hat eine höhere Chance auf eine gute Follow-Back-Rate und kann sich richtig positionieren. Wichtig sind die passenden Keywords. Diese Keywords sollten für das stehen, was man auf Twitter veröffentlicht. In dem Feld für die Website kann man auf die jeweilige Seite verlinken. Wer keine eigene Website hat, kann den Link auf sein LinkedIn- oder XING-Profil setzen (vgl. Tantau 2016).

Referenzen und Auszeichnungen interessieren potenzielle Follower. Erfolge oder Positionierungen können wie beim Beispiel Sam Hurle; „Ranked #2 Digital Marketer" angegeben werden. „Wurde man für die eigene Arbeit dagegen von Dritten ausgezeichnet, kann man darüber auch sprechen, schließlich ist das glaubwürdig und objektiv."

Viele Hashtags sind für das Auge schwierig zu lesen, der Lesefluss sollte nicht getrübt werden. Wer in seiner Twitter-Biografie etwas zum Kauf anbietet, wird sehr wahrscheinlich nur eine geringe Zahl von Followern begeistern können.

Abb. 4: Twitter Short-Bio von Marvin Eichsteller

In Zusammenarbeit mit SocialTrademark hatte die Detcon folgende Fragen für ihre Berater zur Verfügung gestellt. Diese sollten helfen, das Profil fokussiert auszuarbeiten:

- Wo arbeitest du?
- Was genau arbeitest du?
- Worüber twitterst du?
- Wer bist du privat?

Dabei ist es hilfreich, sich nicht nur absenderorientiert über seine Value Propositions klar zu werden, sondern sich gleichzeitig ein Bild seiner Zielgruppe zu machen. Auf die Ausgestaltung von archetypischen Zielgruppenvertretern in sogenannten Personas wird später eingegangen. Positionierung und Personas werden zu Eckpfeilern der persönlichen Content Marketing Strategie.

Follower/Following Ratio

Die Follower/Following Ratio beschreibt das Verhältnis zwischen Menschen, die einer Person, z. B. dem Personal Brand, folgen und den Personen, denen der Personal Brand selbst folgt. Dabei gibt es drei wichtige Zahlen bei Twitter:

1. Zahl der Follower
2. Anzahl der Tweets
3. Zahl der Menschen, die der Person folgen

Wenn die Zahl der Follower größer ist als die Zahl der Menschen, die der Person folgen, nennt man dies eine „positive Ratio" und indiziert, dass es sich lohnt, dieser Person zu folgen. Der Content scheint hochwertig zu sein, die Menschen folgen dieser Person nicht wegen der Follow-Back-Rate (vgl. Siegler 2009).

Wenn dies umgekehrt ist („negative Ratio"), dann ist die Wahrscheinlichkeit, dass der Nutzer ein Spammer oder Vermarkter ist, ziemlich hoch. Twitter ist kein Verkaufsmedium und folgerichtig wird solchen Personen nicht so häufig gefolgt.

Wenn das Verhältnis ungefähr eins zu eins ist, ist die Person „einen Blick wert".

Tweets #hashtags und @handles

Ein Hashtag – geschrieben mit einem #-Symbol – wird verwendet, um Schlagwörter oder Themen auf Twitter zu indizieren. Diese Funktion wurde auf Twitter erfunden. Damit können Menschen leicht Themen folgen, an denen sie interessiert sind.

Das @-Zeichen dient der Kennzeichnung von Nutzernamen in Tweets: „Hallo @Twitter!" Andere Personen verwenden @Nutzernamen, um denjenigen in Tweets zu erwähnen, ihm eine Nachricht zu senden oder sich mit seinem Profil zu verbinden (vgl. Twitter 2016).

#Trends & Rightrelevance Conversation

Bei Twitter kann man erfolgreich auf Trends aufspringen und damit TOP Newsmeldung oder TOP Tweet werden.

Top Tweets ist ein von Twitter entwickelter Algorithmus, der Tweets findet, auf die andere Nutzer aufmerksam werden sollten. Der Algorithmus betrachtet dabei alle Interaktionen mit den Tweets, schließt Retweets und Favoriten mit ein, um Tweets mit hohem Potenzial identifizieren zu können (vgl. MgGee 2010).

Organisiert man seine Tagesroutine mit morgendlicher Recherche, kann man in Twitter selbst und auf weiteren Plattformen wie rightrelevance.com (siehe unter 4.6) Content entdecken, der zu der eigenen Positionierung passt und gleichzeitig eine hohe Performance-Wahrscheinlichkeit hat. So ist es durchaus möglich, mit nicht selbst produziertem Content zur Top Nachrichtenmeldung zu avancieren.

5.1.2 XING

XING gehört zu den Business-Netzwerken und ist die größte Plattform für Karriere und Beruf im deutschsprachigen Raum. Networking-Funktionen sorgen für effiziente Vernetzung und Kontaktpflege. Grundsätzlich sollten alle Bereiche des XING-Profils ausgefüllt werden, es gibt jedoch Bereiche, deren Wichtigkeit besonders hoch ist.

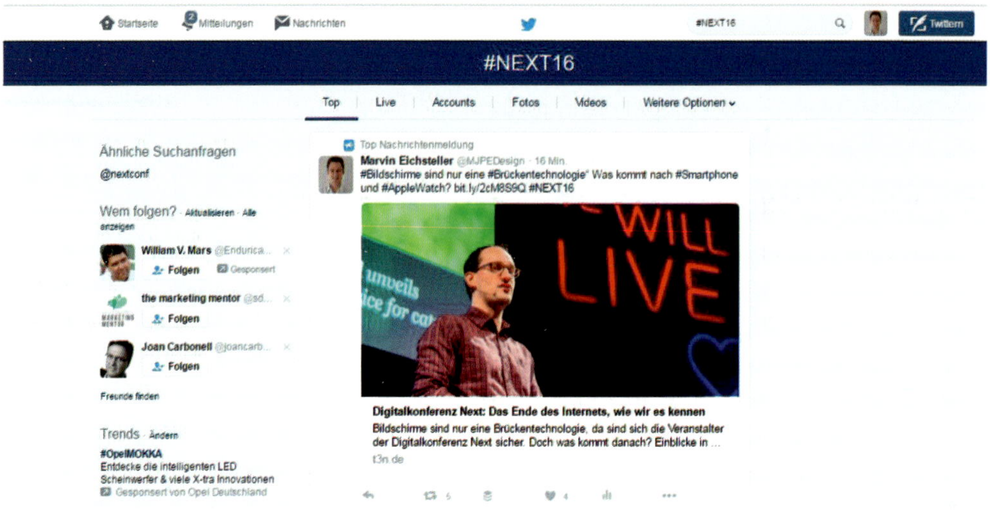

Abb. 5: Twitter Top Nachrichtenmeldung

Kontaktdaten

Die Kontaktdaten sollten vollständig ausgefüllt werden, denn wenn ein neuer potenzieller Kunde anrufen will, sollte er mit wenigen Klicks die Telefonnummer finden können. Bei XING kann man sich auch die Kontaktdaten als vCard runterladen, hat somit alle wichtigen Daten direkt im Handy. Es gibt die Möglichkeit, die Daten einzelner Kontakte als vCards herunterzuladen und in beliebige Anwendungen zu integrieren. Die vCard des Kontaktes findet man entweder im XING-Adressbuch oder im Profil des jeweiligen Kontaktes durch Klick auf „Kontaktdaten" (Gottesmann 2015).

Ich biete / suche

Ich suche: „Gehen Sie lieber ins Detail, füllen Sie alle Felder möglichst unterschiedlich und ungewöhnlich aus und überraschen Sie." Nutzen sollte man dabei die von XING vorgegebenen Wörter, da diese besser in der Suche gefunden werden.

Ich biete: „Dieser Teil ist der klassische Platz zur Selbstvermarktung. Hier sollte stehen, was man von Ihnen erwarten kann, welche Stärken Sie mitbringen, wo mögliche Anknüpfungspunkte für eine Kooperation sind (Mai 2015).

5.1.3 LinkedIn

LinkedIn ist die weltweit größte professionelle Networking-Website und das größte Business-Netzwerk. LinkedIn bietet seinen Nutzern die Möglichkeit, sich mit anderen Menschen zu vernetzen, und hilft, in Kontakt mit Millionen von Kunden und Kollegen zu bleiben. LinkedIn wird dabei für den Austausch von Wissen, Ideen und Beschäftigungsmöglichkeiten eingesetzt und hat sich zunehmend zu einem führenden Werkzeug für den Aufbau von Einzelpersonen durchgesetzt (vgl. Loretto 2016).

Arbeitgeber

Die Reihenfolge der Arbeitgeber spiegelt die Wertigkeit. Wer mit seinem Unternehmen ebenfalls auf LinkedIn präsent sein will, darf das Unternehmensprofil ebenfalls nicht vernachlässigen (vgl. Stoppacher 2014).

Kenntnisse bestätigen lassen

„Ähnlich wie bei den Empfehlungen können eure Kontakte auch einzelne Kenntnisse von euch bestätigen. Dazu müsst ihr natürlich die Kenntnisse, mit denen ihr bei LinkedIn präsent sein wollt, auch eintragen. Also in die Vollen gehen statt Mut zur Lücke: LinkedIn lässt bis zu 50 verschiedene Kenntnisse zu. Und habt ihr was vergessen, können eure Kontakte auch andere Skills vorschlagen, die ihr dann noch bestätigen müsst" (vgl. Stoppacher 2014).

5.2 Contentstrategie

„Der Begriff Contentstrategie bezeichnet die strategische Planung, Erstellung und Verbreitung von Inhalten" (Sario Marketing). Dabei ist das Ziel einer solchen Strategie, die Effizienz des Content Marketings zu steigern. Dies wird unter anderem über eine gezieltere Ausspielung der Inhalte erreicht (vgl. Sario Marketing).

Das Ziel einer Contentstrategie ist es, alle Contentarten und Kanäle aufeinander abzustimmen. Diese Inhalte sollen wie aus einem Guss wirken. Dabei nimmt die Strategie Einfluss auf die gesamte Kommunikation des Unternehmens. Alle Bereiche, wie Vertrieb, Presse, Service oder HR, müssen dabei mit der gleichen Strategie die Positionierung vorantreiben. Dieser Change-Prozess muss von der Führung genehmigt und verantwortet werden (vgl. Eichmeier 2015).

Auf den Unterschied zwischen den Begrifflichkeiten Contentstrategie und Content-Marketing-Strategie wird in Teil 2 eingegangen.

5.3 Streuung von Content in den sozialen Netzwerken

5.3.1 Tools für fremden Content

Um erfolgreich in den sozialen Netzwerken zu werden, muss man regelmäßig hochwertigen Content posten. Die Inhalte können dabei aus verschiedenen Medien kommen.

Feedly

Ein Tool, welches hilft, hochwertigen Content zu sammeln, ist Feedly. Feedly ist ein News Aggregator, der im Web sowie auf mobilen iOS- und Android-Geräten läuft. Der Dienst ist cloudbasiert und kompiliert Nachrichten aus verschiedenen Online-Quellen wie Blogs oder Nachrichten-Webseiten und gibt dem Nutzer die Möglichkeit, die Quelle direkt zu teilen. Feedly ist auch mit dem Tool Buffer kompatibel und somit ein perfekter Contentaggregator mit Share-Möglichkeit (vgl. (DevHD).

Rightrelevance

In diesem Content Hub kann der User relevante Inhalte suchen und Beiträge entdecken, die von Themen-Influencern geteilt wurden. Rightrelevance hält für den Nutzer 50.000 Themenfelder bereit und hat 2,5 Millionen Themen-Influencer. Eine Anmeldung kann über Twitter erfolgen. Die Themenfelder enthalten Artikel, Videos und Diskussionen.

Die Besonderheit von Rightrelevance ist, dass es ein Insights-Angebot gibt, das die Themen und Influencer-Informationen mit Echtzeit-Gesprächen kombiniert. Dies ermöglicht eine schnellere und visualisierte Entscheidungsfindung (vgl. Rightrelevance).

5.3.2 Regelbasiertes Tool 'If this than that'

IFTTT ist ein Tool, das dem Nutzer ermöglicht, sogenannte ´if this than that´-Regeln aufzustellen. „Mit Hilfe der IFTTT-Rezepte (Recipes) verbindet man jeweils einen Trigger und eine Aktion (Action) miteinander. Wird der Trigger ausgelöst, startet IFTTT die Aktion. Das simpelste, aber aktuell beliebteste Beispiel: Macht der Nutzer ein neues Foto mit seinem iPhone, schickt IFTTT es automatisch an dessen E-Mail-Account" (Petersen 2016).

Der Dienst verbindet 191 verschiedene Dienste miteinander. Klassiker wie Facebook, Twitter oder Dropbox können genauso verbunden werden wie das Lichtsystem Philips hue oder die Multifunktions-Waagen von Withings. IFTTT ist ein Tool, welches sehr viele Möglichkeiten für die Nutzer bereithält.

5.3.3 Tools für automatisierte Contentverbreitung

Die am weitesten verbreiteten kostenfreien Tools zur Automatisierung sind Hootsuite und Buffer, wobei Buffer in der Praxis mit einem größeren Funktionsumfang überzeugt (vgl. Hirsch 2015).

Buffer ist ein Tool, welches dem Nutzer erlaubt, automatisiert Posts abzusetzen. Buffer kann auf folgende Social Networks zugreifen: Facebook (Profilseite, Page, Gruppe), Twitter, Google+ und LinkedIn (Profilseite, Page, Gruppe) sowie app.net.

Dabei funktioniert Buffer wie eine Warteschlange, in der die letzten Posts hinten eingereiht werden. Der kostenlose Account mit bis zu zehn Posts für die Warteschlange ist dabei für die meisten Nutzer vollkommen ausreichend. Für die Aktivierung legt man die betreffenden Accounts an und erstellt den Zeitplan. Buffer spricht dabei eine Empfehlung für die optimale Post-Zeit aus.

Buffer hat einen automatischen URL Shorter, z. B. bit.ly oder buff.ly, integriert, zieht sich ebenfalls die Fotos der Website und bietet dem Nutzer an, diese zu posten. Weiterhin sieht er die wesentlichen Eckdaten bei jedem Post, zum Beispiel die Zahl der Retweets bei Twitter (vgl. Tißler 2014; Buffer).

5.3.4 Tools für Bilder

Buffer hat seinen Service mit dem Tool Pablo ergänzt und stellt dem Nutzer nun Bilder für die Postings zur Verfügung. Ergänzt werden die Bilder mit einer Textoption und Zitaten von berühmten Persönlichkeiten. Nutzer können auf die Stockfotos von Pixabay und UnSplash zurückgreifen oder eigene Bilder hochladen. Neben dem Text ist es weiterhin möglich, ein Icon oder Logo in die Grafik zu integrieren (vgl. Oberndorfer 2015).

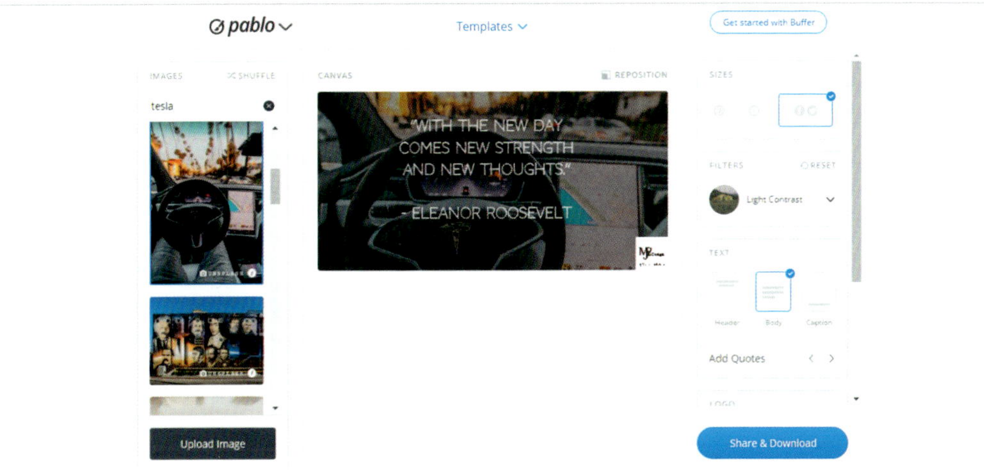

Abb. 6: Pablo by Buffer – Bild, Text mit Logo-Integration MJPE Design

Die Bilder kann man über eine Stichwortsuche suchen und danach in die gewünschte Social-Media-Größe umwandeln. Die Größen passen sich auf die Netzwerke „Facebook Twitter", „Instagram" und „Pinterest" an. Verschiedene Filter ermöglichen eine Aufwertung der Bilder (vgl. Oberndorfer 2015).

Bei der Veröffentlichung stellt Pablo den Nutzern die Möglichkeit zur Verfügung, die Bilder herunterzuladen, in die Queue von Buffer zu laden oder direkt über die Kanäle zu teilen (vgl. Oberndorfer 2015).

Als Vorteile von Buffer sind in diesem Kontext zu nennen, dass Blog-Posts mit Bildern 94 % mehr Ansichten erhalten als Blog-Posts ohne Bild und dass auf Twitter ein Bild die Retweet-Chance um 28 % sowie die Favorisierung eines Posts um 36 % erhöht (vgl. Seiter 2015).

5.4 Nachhaltiger Ausbau der Followerschaft

Wenn man sich als erfolgreicher Autor und Experte in den digitalen Medien vermarkten will, kommt man an Twitter nicht vorbei. Falls man nicht berühmt ist, muss man aktiv für Follower sorgen und die Followerschaft ausbauen. Macht man dies richtig, kann man langfristig Erfolge erzielen (vgl. Camichels 2013).

5.4.1 Twitter Follow/Unfollow

Die Follower/Following Ratio beschreibt, wie bereits in Kapitel 4.4.1 ausgeführt, das Verhältnis zwischen Menschen, die einer Person, z. B. dem Personal Brand, folgen und Personen, denen der Personal Brand selbst folgt (vgl. Siegler 2009).

Follow

Um auf Twitter die Followerschaft zu erhöhen, gibt es eine sehr einfache Regel:

> „Es ist in unserem Gehirn verankert, dass wir Gleiches mit Gleichem vergelten wollen. Wenn uns also jemand folgt, dann sagt eine kleine Stimme in uns oft, wir müssen ihm auch followen" (Trends der Zukunft 2009).

Diese Methode wird auf Twitter mittlerweile sehr aktiv angewendet und die Nutzer können große Erfolge erzielen, jedoch nutzen es auch einige spamartig. Die Empfehlung ist, nur Personen zu folgen, die zu den gleichen Themen positioniert sind wie man selbst, oder gleiche Interessengruppen vertreten.

Eine Möglichkeit dabei ist es, Twitter-Profile von Usern durchzuschauen, die ähnlichen Themen folgen und auch dort in der Follower-Liste nachzugucken (vgl. Trends der Zukunft 2009).

Eine Empfehlung ist es, auf eine ausgefüllte Bio zu achten und zu schauen, ob regelmäßig hochwertiger Content gepostet wird. Ein back follow geschieht weiterhin öfter, wenn der Nutzer eine Follower- und Gefolgten-Quote hat, die bei 1 oder darüber liegt.

Non Follow mit Crowdfire

Crowdfire ermöglicht es, die sozialen Profile von unerwünschten, inaktiven Verbindungen zu trennen und das Netzwerk zu erweitern.

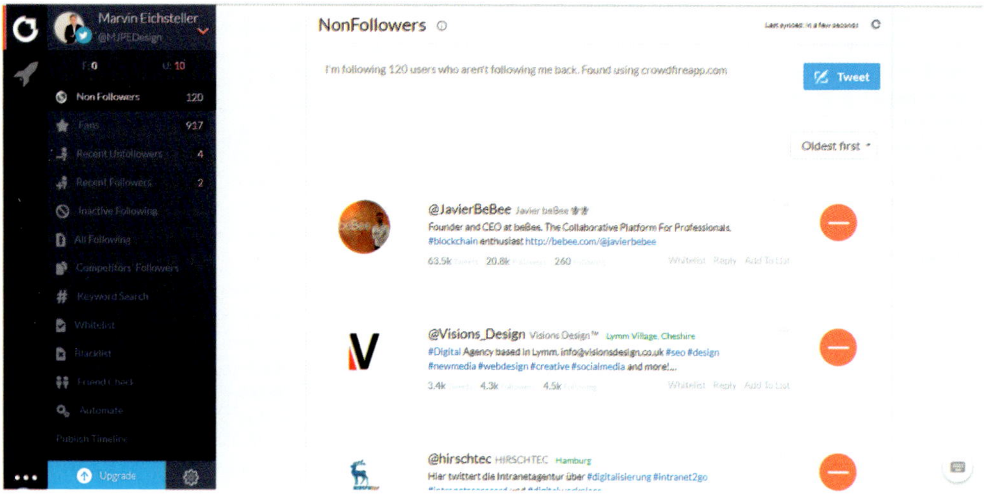

Abb. 7: CrowdFire

Bei Crowdfire kann der Nutzer eine Whitelist und eine Blacklist erstellen und mit einem Klick einem Non Follower entfolgen. In der Whitelist können Personen eingetragen werden, denen der Nutzer unbedingt folgen will. Die Blacklist streicht dabei Nutzer automatisch. Das Entfolgen von Non Followern funktioniert über einen roten Button. Das vollständige Profil der Personen wird dabei mit der Anzahl der Follower angezeigt (vgl. Crowdfire 2016).

5.4.2 Automatisierung mit Social Quant

Social Quant ist ein Tool, das die Suche nach neuen Followern erleichtert und automatisiert. Dieses Tool garantiert einen Zuwachs an neuen Followern, erhöht die Reichweite und damit auch die Klicks und Interaktionen mit den Beiträgen. Social Quant nutzt einen Algorithmus, der Gespräche auf Twitter erkennt und nach ausgewählten Schlüsselwörtern auf Twitter Personen folgt. Das ausgewählte Twitter-Konto erhält echte, relevante Follower und im Dashboard teilt das Tool mit, welche Keywords am besten performen. Personen, die dem Account nicht zurückfolgen, werden nach einer gewissen Zeitspanne wieder entfolgt. So erhält der Nutzer einen Account mit vielen Followern und einer guten Ratio (vgl. Social Quant).

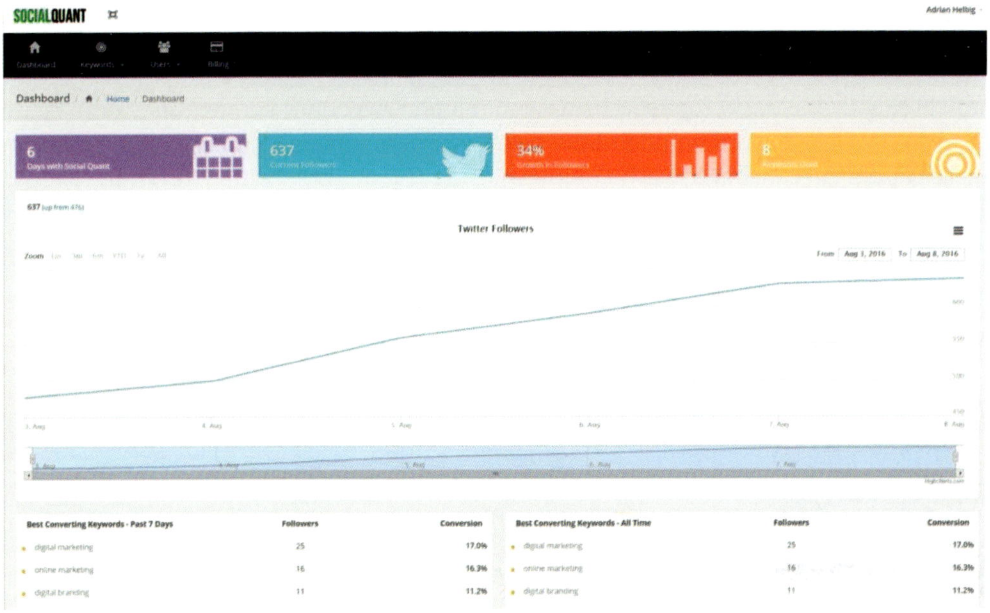

Abb. 8: Social Quant Follower-Generierung

Social Quant zu deaktivieren und nicht mehr zu nutzen, geht dabei sehr einfach. Im Selbsttest habe ich dem Support geschrieben und dieser hat meinen Account innerhalb eines Tages stillgelegt. Um den Zugriff ganz zu verbieten, sollte man jedoch anschließend das Passwort erneuern.

5.4.3 Lets also connect

Eine Direkt-Nachricht kann den neuen Followern den eigenen Blog oder die Services zeigen, die man anbietet. Man sollte darauf achten, dass die neuen Nutzer dies nicht als Spam empfinden und deshalb sinnvolle Links verteilen. Eine hohe Weitervernetzungsquote hat z. B. die Nachricht, sich nun auch auf LinkedIn zu verknüpfen. Solche Direkt-Nachrichten können durchaus einen positiven Effekt auf das Personal Branding haben.

Twitter hat keine Beschränkung mehr auf die Direkt-Nachrichten. Somit kann man viel Inhalt in die Nachricht packen (vgl. Agrawal 2016).

Das Tool Crowdfire, welches wir in 4.7.1 zum Non-Follow-Management vorgestellt haben, kann auch automatisierte Direkt-Nachrichten schicken. Die Nachrichten können dabei individualisiert werden und sollten immer möglichst „menschlich" erscheinen, d. h. nicht nach einem Roboter-Text aussehen.

5.4.4 Community Management

Wenn man eine relevante Anzahl an Followern hat, sollte man diesen Nutzern seine Wertschätzung ausdrücken. Community Management ist ein wesentlicher Bestandteil des erfolgreichen Agierens auf Twitter. Dies kann man auf Twitter mit sogenannten Listen machen.

„Mit Listen lassen sich interessante Twitterer in Rubriken einteilen und diese bei Bedarf anschließend öffentlich zugänglich machen. Firmen-Accounts können auf diese Weise zum Beispiel alle ihre twitternden Mitarbeiter in einem Stream bündeln. Andere werden vielleicht die ihrer Meinung nach kompetentesten IT-Profis auf Twitter zur Schau stellen" (Vatter 2009).

5.4.5 Analyse der Follower und Leser

Es gibt verschiedene interne und externe Tools, die den Umgang mit der Analyse der sozialen Medien erleichtern. Die folgenden Tools sind auf Beiträge in den sozialen Netzwerken LinkedIn und Twitter bezogen.

Twitter Analyticss

Twitter bietet seinen Nutzern die Möglichkeit, Statistiken der Inhalte einzusehen und die Auswirkungen auf das Geschäftswachstum aufzuzeichnen.

Auf der Account-Startseite erhält der User einen detaillierten Bericht, der monatlich erhoben wird. Die Daten enthalten Informationen zu dem Wachstum, den Tweet Impressionen, dem Top Follower und dem Top Post des jeweiligen Monats (vgl. Twitter).

Auf dem Tweet Dashboard findet der Nutzer Metriken zu jedem einzelnen Tweet. Dabei wird angezeigt, wie viele Personen den Tweet gesehen haben, welche Interaktionen stattgefunden haben und wie hoch die Klick-Rate war (vgl. Twitter).

Die Zielgruppeneinblicke enthalten Information über die Menschen, die dem Nutzer auf Twitter folgen. Welche Interessen die Personen haben und welche demografischen Merkmale sie aufweisen, schlüsselt Twitter ebenso auf wie Gehaltsdaten (vgl. Twitter).

Mentionmapp Twitter

„Die Mentionmapp ermöglicht das Eintauchen in die Twitter-Welt. Eine Spider Map visualisiert die Vernetzung von Twitter-Usern. Klickt man darin herum, sieht man, wer gerade mit wem interagiert und welche Hashtags aktuell verwendet werden" (Pfeifer 2014). Mentionmapp hilft dem User, neue Kontakte ausfindig zu machen und Themenfelder zu analysieren (vgl. Pfeifer 2014).

LinkedIn Analytics

LinkedIn hält für die Nutzer von LinkedIn Pulse verschiedene Statistiken bereit. In diesen wird aufgeschlüsselt, wie viele Likes und Kommentare ein Beitrag erhalten hat, weitere Details werden genannt. Der Bereich Demographie zeigt, wer die Leser sind. Der Nutzer sieht Details über die Top Branchen, den Jobtitel, die geographischen Orte sowie die Traffic-Quellen (vgl. LinkedIn).

6 Konkrete Schritte zum Personal Brand Blog

6.1 Blog Settings

6.1.1 Startseite

Die Startseite ist die Seite, die am meisten aufgerufen wird und ist die Visitenkarte des Personal Brands. Ihre Aufgaben bestehen darin, zu verraten, wem die Website gehört und was der Nutzer hier finden kann. Dies soll im Überblick geschehen. Wichtig ist, dass die Startseite Zugriff auf die wichtigsten Funktionen wie den Kontakt oder die Suche bietet und Neugier weckt (vgl. Jacobsen 2004).

Auf der Startseite sollte ein sogenannter Call-to-Action vorhanden sein, eine direkte Handlungsaufforderung, die dem Besucher zeigt, welche Handlungen er auf der Seite vornehmen kann (vgl. Zeta Producer 2014).

Mit der SocialTradeMark GmbH wurde die Website für den Detecon Partner Dr. Matthias Gröbner aufgesetzt. Die Startseite ist klar strukturiert. Auf der linken Hälfte findet der Besucher eine Kurzbeschreibung der Person und die Erläuterung, wem die Website gehört und welche Aufgaben diese in seinem beruflichen Umfeld betreut. Auf der rechten Seite wird die Expertise von Matthias Gröbner aufgezeigt und ein Link zu seiner Beratungstätigkeit gesetzt. Der formulierte Call-to-Action ist das Newsletter-Abonnement.

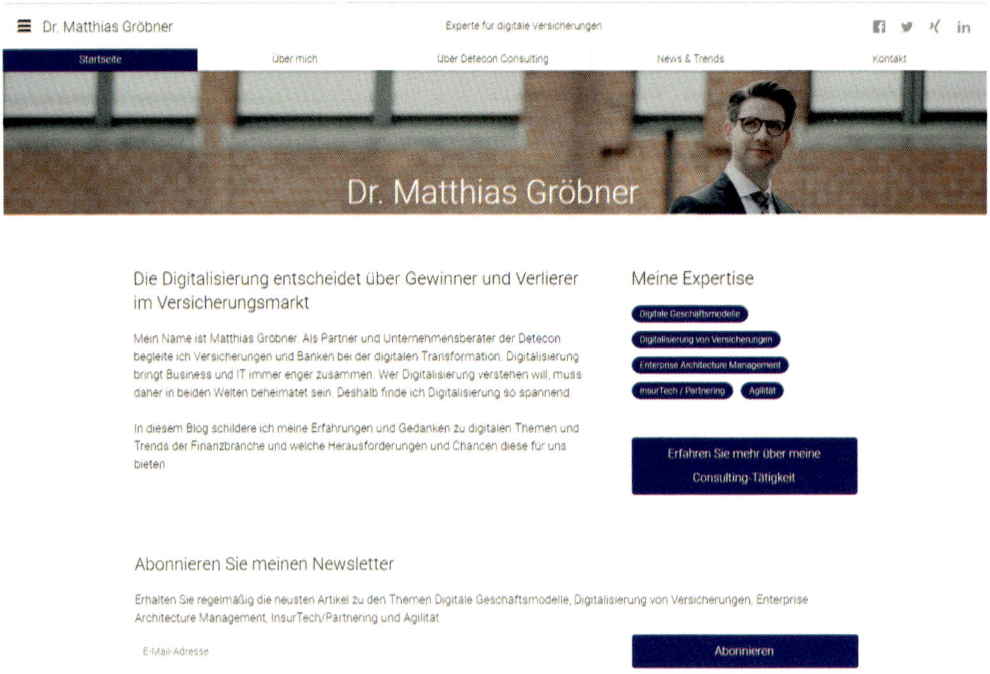

Abb. 9: Website Gröbner

6.1.2 „Über mich"-Seite

Die „Über mich"-Seite ist vor allem wichtig für die Besucher der Website. Denn der Leser möchte nicht wissen, wer die Person ist, sondern es besteht das Interesse, dass der Besucher erfährt, was er davon hat, dass er die Seite besucht. Deshalb soll die „Über mich"-Seite eine Beziehung zu dem Leser aufbauen (vgl. Melnik).

Das Produkt, der Personal Brand, soll verkauft werden und den Nutzer davon überzeugen, dass er die richtige Wahl getroffen hat und auf der Website sein Anliegen klären kann. Das Personal Brand zeigt dabei auf der „Über mich"-Seite dem Kunden, was der Leser erwarten kann und erklärt, was man ihm bietet, was er von einem erwarten kann und für welche Lösungen der Brand der beste Ansprechpartner ist (vgl. Horn 2013).

6.1.3 Eigener Blog

Der eigene Blog bietet viele Vorteile. Durch regelmäßige Blogbeiträge sorgt der Blog der Website für regelmäßige Besucher. Suchmaschinen finden die Seite besser, da Unique Content und häufige Leser den Blog besser in den Suchmaschinen ranken lassen. Besonders für Personal Brands ist es wichtig, die fachliche Kompetenz hervorzuheben. Dies erreicht der Verfasser durch fachlich versierte Beiträge. Die Kompetenz wird in den Vordergrund gestellt und der Kunde kann dadurch überzeugt werden (vgl. Cremer 2016).

Blogs erleichtern die Orientierung im Web und filtern die Informationsflut, dabei können sie durch Interaktivität meinungsbildend auf den Nutzer wirken (vgl. Jacobsen 2005).

6.1.4 Unternehmensseite

Die Unternehmensseite soll den Link von dem Personal Brand zur Unternehmung darstellen und dahingehend wirken, dass der Einfluss des Brands sich auch positiv auf die Firma auswirkt.

Dabei sollte auf ein ansprechendes Corporate Design geachtet werden. Dies ist ein wichtiger Teil der Markenkommunikation und wird mit einem einheitlichen Erscheinungsbild gewährleistet (vgl. Schulte 2012).

Der Besucher soll auf dieser Seite Informationen über die Branche und die Trends erhalten. Die Unternehmensseite ist ein strategischer Handlungsraum, der die Kernbotschaften vermitteln soll (vgl. Pleil 2009).

„Wichtig ist, den Online-Auftritt nicht als lästige Berichtspflicht, sondern als Baustein im Reputationsmanagement zu sehen" (Pleil 2009).

6.2 Content

6.2.1 Contenterstellung

Content ist ein wesentlicher Punkt in der Vermarktung eines Personal Brands. Bei der Erstellung ist es wichtig, sich in potenzielle Käufer hineinzuversetzen und herauszufinden, was der Nutzer für Content erwartet und welchen Nutzen er erhält. Content Marketing hat erst auf den zweiten Blick Verkaufsabsichten, erstrangig soll der Content dem Besucher gefallen (vgl. Mumper 2015; Kölsch).

Zur Erstellung sollte als erstes eine klare Zielgruppe definiert und die Tonalität der gewählten Gruppe angepasst werden. Dies betrifft zum Beispiel die Verwendung von Fachbegriffen oder die Wahl der Ansprache (vgl. Mumper 2015; Kölsch).

Der Content sollte vom Verfasser eine Einzigartigkeit aufweisen. Dabei geht es nicht darum, neue Inhalte und Ideen zu publizieren, sondern sich von der Konkurrenz durch eine bessere Struktur und inhaltliche Tiefe der Verständlichkeit abzuheben (vgl. Mumper 2015).

Bei Texten sollte am Ende eine Überprüfung des geschriebenen Contents stattfinden. Dabei sollte auf Rechtschreibung, Satzlänge, Verständlichkeit und die passenden Keywords geachtet werden (vgl. Mumper 2015).

Tools wie SEO by Yoast für WordPress helfen dem Autor, seinen Content für die Suchmaschinen anzupassen. Yoast hält einen Snippet-Editor und eine Echtzeit-Seitenanalyse bereit und hilft so, Seiteninhalte, Bilder, Meta-Beschreibungen und den Schreibstil zu analysieren (vgl. Yoast).

6.2.2 Automatisierte Contentveröffentlichung

Contentautomatisierung ist auch bei einem Blog möglich. Es kann vorkommen, dass der Autor gerade einige Freiräume hat oder eine besonders kreative Phase und somit eine Vielzahl an Beiträgen in wenigen Tagen schreibt. Wenn man in einer anderen Zeitzone lebt oder im Urlaub ist und trotzdem veröffentlichen will, ist dies über Content Management Systeme wie WordPress ohne Probleme möglich.

Beim Schreiben eines Posts hat man bei WordPress ein Editorfenster namens „Publizieren", darunter den Link „Bearbeiten" neben „Sofort publizieren". Dort kann der Verfasser ein Datum einstellen und dies über den OK-Button planen. Danach ist der Artikel bereits geplant, das heißt zur Veröffentlichung vorgemerkt (vgl. Oeser 2009).

6.2.3 Suchmaschinenoptimierung / Corner Stone Page

Wie schafft man es als Personal Brand, sich mit seinen Themen in Google ganz oben zu positionieren? Dafür muss der Ersteller verstehen, wie Google funktioniert. Wichtig ist es zu wissen, dass jede einzelne Seite bei Google rankt. Eine Möglichkeit, eine hohe Relevanz bei Google zu erreichen und damit weit oben in den Suchergebnissen zu erscheinen, ist eine sogenannte Corner Stone Page.

Eine Corner Stone Page ist eine Seite, die das Zentrum aller Inhalte eines Themas bildet. Dort werden alle Artikel in einem großen Artikel verbunden (vgl. Yoast).

Der Grundgedanke ist, dass eine wichtige Person auf der eigenen Website ankommt und keine Ahnung von den Themen hat, die auf der Website publiziert wurden. Man erklärt also dem Nutzer, welche die wesentlichen Informationen sind, die auf der Website publiziert wurden. Und genau das will Google auch für seine Nutzer haben: das bestmögliche Ergebnis für die jeweilige Suchanfrage.

Die Corner Stone Page ist der Grundstein, das Wesentliche und Unentbehrliche der Website, auf dem alle anderen Artikel aufbauen. Der Schlüssel liegt in der Schaffung von überzeugenden Inhalten, bei denen sich die Verknüpfung lohnt.

In fünf Schritten kommt man zur perfekten Corner Stone Page: (Vgl. Clark 2007)

Schritt 1 – Schlüsselwörter

Der Autor wählt mit Hilfe der Keyword-Recherche das passende Schlüsselwort aus und kommt somit auf die relevante Frage, die die eigene Website beantworten will.

Schritt 2 – Titel und Schlagzeile

Suchmaschinen wollen relevante Ergebnisse bieten und das Ergebnis soll prominent die Worte der Suchenden im Titel der Seite widerspiegeln. Der Titel ist die Überschrift des Beitrags und soll den Leser überzeugen.

Schritt 3 – Inhalt

Vieles, was bestimmt, wie gut eine Seite rankt, hängt von der allgemeinen Autorität und dem Alter der Website ab. Bei einer neueren Website muss man deshalb mit beeindruckenden Inhalten Google überzeugen. Und das geschieht sowohl mit Qualität als auch mit dem Umfang der Texte. Wer die Frage sehr viel besser und umfassender als die Konkurrenz beantwortet, hat bessere Chancen, dass seine Bemühungen fruchten und Google das Potenzial der Website entdeckt.

Schritt 4 – Inhalt (SEO) Landingpage

Eine Zielseite sollte so konzipiert sein, dass sie sofort kommuniziert, was auf ihr zu finden ist. Der Besucher muss direkt auf der Webseite finden, was er gesucht hat. Diese agiert als eine Art Inhaltsverzeichnis und schafft somit Klarheit über das Thema.

Schritt 5 – Verknüpfte Inhalte

Die Strategie sollte unbedingt in Zusammenarbeit mit dem eigenen Blog vonstatten gehen. Suchmaschinen favorisieren Websites, die eine Menge relevanten, häufig aktualisierten Inhalt haben. Angesichts der Tatsache, dass aktives Bloggen für eine ständige Teilnahme am Social Media Space sorgt, ist es eine Möglichkeit, Links zu externen Websites auf der Corner Stone Page einzubauen. Jedoch sind eigene Links wertvoller. Periodische Querverweise auf die Corner Stone Page ermöglichen eine kontinuierliche Exposition.

Abb. 10: Corner Stone Page by Yoast

Abschließend kann man sagen, dass das erste Ziel von Corner Stone Pages darin besteht, die Relevanz für die Website-Besucher zu erhöhen, die ein Thema verstehen wollen. Das zweite Ziel ist es, diese Inhalte so überzeugend und umfassend zu machen, dass die Menschen bereit sind, ihre Inhalte mit ihm zu verknüpfen (vgl. Clark 2007).

6.3 Leserschaft erhöhen

Um die Leserschaft auf dem Blog des Personal Brands zu erhöhen, muss man nicht bei Google gut performen. Es gibt auch andere Varianten, die helfen, die Leserschaft des Blogs in die Höhe zu treiben. Weiterhin kann die Erhöhung der Nutzerzahlen wiederum einen Einfluss auf die Auffindbarkeit der Seite und das Google-Ranking haben, da jeder Nutzer die Relevanz bestätigt.

6.3.1 Newsletter

Eine häufig genutzte Form des Online-Marketings ist die Nutzung von E-Mails und Newslettern. E-Mail-Marketing ist eine Form des Direktmarketings, da Kunden persönlich und direkt angesprochen werden können (vgl. Düweke und Rabsch 2012).

Auch beim Aufbau des Personal Brands Matthias Gröbner wurde auf E-Mail-Marketing gesetzt. Der Call-to-Action auf der Website ist die Registrierung des Newsletters.

Die Grundvoraussetzung ist eine möglichst vollständige Adressdatenbank mit zusätzlichen Informationen wie Alter und Geschlecht (vgl. Düweke und Rabsch 2012).

Durchdachtes E-Mail-Marketing kann viele positive Auswirkungen auf eine Website haben. Es gibt geschätzte 4,3 Milliarden E-Mail Accounts und täglich werden 109 Milliarden E-Mails verschickt. E-Mail-Marketing punktet mit seiner Effizienz. Kostenlose Tools wie

Mailchimp ermöglichen es, versendete Newsletter so kostengünstig wie wenig andere Medienkanäle zu betreiben. Neben den geringen Kosten ermöglichen Newsletter auch einen hohen ROI – ein Whitepaper von Experian spricht gar von ganzzahligen Vielfachen.

„Wenn sich ein Kunde aktiv für den Erhalt von Unternehmens-Newslettern entscheidet, so erhält die gewonnene E-Mail-Adresse einen großen Wert."

Weiterhin kann man per Mail in eine direkte Kommunikation einsteigen und E-Mails namentlich adressieren. Dies ermöglicht einen individuellen Umgang mit dem Empfänger. E-Mail-Marketing-Maßnahmen können ebenfalls sehr genau gemessen werden. Tools wie Mailchimp ermöglichen die Erfassung der Öffnungsrate, Klick- und Bouncerate (vgl. Schmidt).

6.3.2 Verbreitung über Social Media

„Ob Bilder, Videos, Blogs oder Podcasts – täglich werden mehr als 27 Mio. Inhalte geteilt. Im Social-Media-Marketing handelt es sich dabei jedoch nicht um irgendwelche Inhalte: Hier werden diese von Unternehmen strategisch eingesetzt, um eine bestimmte Zielgruppe anzusprechen und ihr Produkt zu vermarkten" (Social Media Aachen 2014).

Soziale Medien sind mittlerweile ein großer Bestandteil des alltäglichen Lebens. Die Chancen, über die sozialen Netzwerke die Kunden zu erreichen und neue Leser zu gewinnen, sind real, reichlich vorhanden und die Erfolge sind gut messbar (vgl. Hendele 2009).

Das Internet hat sich vom Monolog zum Dialog gewandelt, jedoch braucht die Einbindung der sozialen Netzwerke Zeit und Engagement. Social Media sollte die Erweiterung der Marketing-Aktivitäten werden und kann die Möglichkeit schaffen, die Zielgruppen schnell und kostengünstig mit Inhalten zu erreichen (vgl. Hendele 2009).

Die sozialen Netzwerke bieten eine breite Masse an verschiedenen Netzwerken für verschiedene Zwecke. Fotos können über Flickr oder Pinterest verteilt werden und kurze Updates können über Twitter auf die Website verweisen. Weiterhin wird die Möglichkeit geboten, mit potenziellen Kunden ins Gespräch zu kommen und der Marke eine Persönlichkeit zu geben (vgl. Hendele 2009).

Durch die Nutzung von Social Media kann der Verfasser wichtige Links erzeugen, die es ihm ermöglichen, bei Google besser zu ranken. Social Media hat einen direkten Einfluss auf die Linkpopularität. Weiterhin können Klicks auf der Homepage erzeugt werden, welche ebenfalls einen Einfluss auf das Ranking haben (vgl. Hendele 2009).

6.4 Monitoring

Google Analytics

Google Analytics ist das bekannteste Analyse-Tool für das Auslesen einer Website oder eines Blogs. Auf fast 70 % der größten 10.000 Websites wird die Analyse von Google genutzt. Google wird mit diesem Dienst im Bereich Web Analytics eingeordnet und liest umfassende Informationen zum Nutzerverhalten auf Webseiten, Shops oder dem Blog aus. Zur Verwendung sind lediglich eine Google E-Mailadresse und die Eröffnung eines Benutzerkontos notwendig. Der beigefügte Code wird anschließend in der Website integriert und erfasst dadurch die Informationen. Die Informationen reichen von allgemeinen Angaben der Personen, über die Anzahl der Anfragen, Verweildauer bis hin zu spezifischen Daten über Herkunft und Geschlecht (vgl. t3n).

Google bietet seinen Nutzern Echtzeit-Analysen. „Hier können relevante Daten live von den Google-Servern abgerufen werden. Über die Echtzeit-Analyse können aktuelle Besucherzahlen, die Webseiten mit der größten Aktivität, die Herkunft von Besuchern oder auch Conversions betrachtet werden" (OnPage.org GmbH).

Google Analytics ist damit ein sehr zuverlässiges Monitoring- und Reporting-Tool für Webseiten und ein wichtiges Instrument für Webmaster. Durch die vielfältigen kostenlosen Analysemöglichkeiten können Betreiber ihre Möglichkeiten genau analysieren und gegebenenfalls Umstellungen vornehmen, um bessere Analysewerte zu bekommen (vgl. OnPage.org GmbH).

Google Search Console (Webmaster Tool)

Die Search Console, ehemals Webmaster Tool, ist ein kostenloser Analysedienst von Google. Mit Hilfe dieses Tools können Autoren Einstellungen an ihren Seiten vornehmen, Statistiken einsehen und Optimierungen vornehmen. Weiterhin werden Warnungen ausgegeben, falls unnatürliche Backlinks oder Malware auftritt (vgl. OnPage.org GmbH).

Um die Search Console zu nutzen, muss die betreffende Seite angemeldet und anschließend verifiziert werden, hierfür stehen verschiedene Methoden zur Verfügung (vgl. OnPage.org GmbH).

Über die Console kann man eine XML-Sitemap anlegen, welche alle URLs einer Webseite an Google übermittelt. Dies erhöht die Chancen einer erfolgreichen Indexierung durch Google. Über die Website-Einstellungen können sowohl die bevorzugte Länderwahl als auch die gewünschten Standard-Domains (mit oder ohne www) festgelegt werden. Auch die Crawl-Geschwindigkeit kann eingestellt werden (vgl. OnPage.org GmbH).

Die Anzeige der Suchanfragen ist ein weiterer wichtiger Punkt bei der Search Console. In diesem Bereich können die verschiedenen Suchanfragen gezeigt werden, auf welcher Position das Keyword rankt, wie viele Impressionen es gibt und auch, wie viele Klicks letztendlich durch die Google-Suche auf die Website geführt haben. Die eingehenden Links zeigen an, wie viele Verweise fremde Seiten und Social Media auf die Seite setzen. Beim Indexierungsstatus sieht man, ob Google alle Seiten indexiert hat oder ob möglicherweise Seiten abgestraft wurden und nicht im Index erscheinen (vgl. OnPage.org GmbH).

7 Validierung der Erkenntnisse: Experteninterviews

Der bisherige Verlauf der Arbeit hat deskriptiv und analytisch valide Hinweise zu Erfolgsfaktoren und Vorgehen beim Aufbau eines Personal Brands herausgearbeitet. Mit der Durchführung von Interviews soll nun eine zusätzliche Validierung erfolgen. Forschungsgegenstand ist die Identifizierung von Faktoren, die wichtig sind, um eine Personal Brand zu erstellen. Es soll zusätzlich in Erfahrung gebracht werden, mit welchem Aufwand potenzielle Personal-Branding-Kandidaten zu rechnen haben und wie sie erfolgreich die Positionierung schaffen.

Als Methode der empirischen Untersuchung wurden qualitative Experteninterviews gewählt. Ziel des Experteninterviews ist es, die „Gemeinsamkeiten in den Aussagen der Experten herauszuarbeiten" (Universität Oldenburg 2010). Die Experten sollen „durch Sachauskünfte die vorhandenen Informationslücken schließen" (Universität Oldenburg 2010).

Für die Auswahl der Experten für die Interviews gelten die gleichen Kriterien wie für die Auswahl von Persönlichkeiten zum Aufbau als Personal Brand. Als Experte gilt differentialpsychologisch eine Person, die regelmäßig überdurchschnittlich hohe Leistungen in einem Bereich zeigt. Diese Person, die auf einem Gebiet dauerhaft herausragende Leistungen erbringt und aus wissenspsychologischer Sicht Expertise durch umfangreiches und hochorganisiertes Wissen erlangt und diese zur Problembewältigung erfolgreich benutzt hat, kann sich zwischen deklarativem und prozeduralem Wissen unterscheiden. Deklaratives Wissen bezieht sich dabei auf Fakten und prozedurales Wissen auf automatisierte Handlungen (vgl. Online Lexikon für Psychologie und Pädagogik).

7.1 Vorgehensweise

„Eine bezugnehmende Anteilnahme der Interviewer am Expertenwissen trägt in der Regel zum Gelingen eines Interviews bei" (Kühl et al. 2009). Dieses Expertenwissen hat sich der Interviewer im Verlauf des Praxisprojekts, das im ersten Teil dieser Arbeit dokumentiert ist, angeeignet. Für die Interviews wurden geeignete Experten ausgewählt und der Interviewleitfaden wurde konzipiert.

7.1.1 Expertenauswahl

Bei der Expertenauswahl muss für Dritte ersichtlich sein, welche Überlegungen bei der Auswahl der Experten getätigt wurden, wie sie akquiriert wurden und welche potenziellen Schwierigkeiten es gab (vgl. Kaiser 2014: S. 71). Die Experten wurden nach den folgenden Kriterien ausgesucht:

- „Wer verfügt über die relevanten Informationen?
- Wer ist am ehesten in der Lage, präzise Informationen zu geben?
- Wer ist am ehesten bereit, Informationen zu geben?
- Wer von den Informanten ist verfügbar?" (Gläser / Laudel 2010: S. 117)

Für das Interview kamen nur Personen infrage, die für Kunden oder sich selbst erfolgreich Personal Branding betrieben hatten. Bei der Auswahl wurde darauf geachtet, dass die Personen aus unterschiedlichen Branchen kommen.

Alle Befragten wurden schriftlich per E-Mail oder per Telefon um eine Teilnahme an den Interviews gebeten. In der Mail wurden die Art der Befragung und die Zielsetzung beschrieben. Es wurde die persönliche oder telefonische Befragung vorgeschlagen. Alle angefragten Experten stimmten den Interviews zu. Da zwei Experten nur geringe Zeiträume einplanen konnten, wurde das Interview zweimal per Telefon und zweimal vor Ort geführt. Insgesamt wurden vier Experten angefragt, von denen alle zusagten.

Im Folgenden wird ein Überblick über die Experten gegeben. Sie werden jeweils mit E für Experte und mit der zeitlichen Reihenfolge der Interviews gekennzeichnet.

Bei den ausgewählten Experten handelt es sich um vier Personen, die beruflichen Erfolg nachweisen können und Personal Branding bereits erfolgreich eingesetzt haben. Die Experten wurden nach ihrer beruflichen Herkunft ausgewählt. Sie gehören zu den Kategorien Gründer und Speaker, außerdem kommen sie aus den Bereichen Industrie, Beratung und Agentur.

Im Einzelnen handelt es sich um:

Professor Harald Eichsteller (E1)

„Harald Eichsteller hat nach 20 Jahren als Manager in Industrie, Beratung, Agentur und Medien die Seiten gewechselt und lehrt seit 2003 an der renommierten Hochschule der Medien (HdM) in Stuttgart" (www.eichsteller.com).

Professor Eichsteller wird der Kategorie Speaker und Wissenschaft zugeordnet.

Julius van de Laar (E2)

„Julius van de Laar ist Politik- und Strategieberater mit langjähriger, internationaler Kampagnenerfahrung. In den US-Präsidentschaftswahlkämpfen 2008 und 2012 arbeitete Julius van de Laar für Barack Obama. Zu seinen Aufgaben zählte, Wähler zu mobilisieren und Wahlkampfhelfer zu gewinnen – mit einer erfolgreichen Kombination bewährter Kampagnenstrategien und den sozialen Medien" (www.juliusvandelaar.com). Dies bietet er mit seiner Agentur als Dienstleistung an.

Er gehört damit in die Kategorie Speaker und Agentur.

Michael Buck (E3)

Michael Buck ist CEO der Convidera GmbH. Bis 2012 war Michael als Senior Executive für das globale Online Marketing Business von Dell tätig und verantwortlich für das gesamte E-Business und die Strategie für Dell`s Consumer und SMB Organisation weltweit. Davor hatte Michael Buck mehrere führende Positionen bei Hewlett-Packard inne. In der von ihm gegründeten Unternehmensberatung Convidera berät er globale Power Brands und führende Corporate Business Leaders und führt diese durch die Herausforderungen der Digital Transformation (www.convidera.com).

Er gehört in die Kategorie Gründer und Industrie.

Michael Brecht (E4)

Michael Brecht hat mehrfach Firmen gegründet und seit mehr als 20 Jahren Erfahrung in der IT- und Digital-Branche. Er bekleidete mehrere Führungspositionen in Europa und Asien. In seiner letzten Tätigkeit war er CEO von Doodle. Er ist Gründer der Innovation Factory in Bayern (www.michaelbrecht.com).

Er gehört in die Kategorie Gründer und Dienstleistungsindustrie.

7.1.2 Gestaltung des Leitfadens

Der Leitfaden des Interviews ist das Erhebungsinstrument für das qualitative Interview dieser Bachelor Thesis und strukturiert die Interviewsituation. Das Forschungsproblem wurde in konkrete Fragen übersetzt, um die Problemstellungen und Fragen von den Experten beantworten zu lassen (vgl. Kaiser 2014: S. 5).

Die Fragestellungen wurden auf Grundlage der theoretischen Vorarbeit und der Gliederung hergeleitet. Die aufgestellten Fragen basieren letztendlich auf den einzelnen Kapiteln der Thesis.

Der Interviewleitfaden beinhaltet 22 Fragen und wurde nach dem Muster des Leitfadeninterviews aufgebaut. Dieser beinhaltet die folgenden Themenkomplexe:

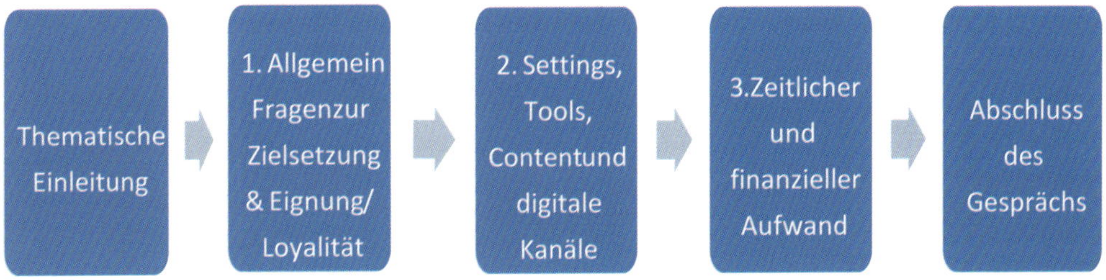

Abb. 11: Ablaufmodell Interviewleitfaden

Thematische Einleitung

Die Fragen in diesen Themenblöcken zielen auf eine Definition der Experten sowie deren persönliche Erfahrungen mit diesem Thema ab. Die Experten gehen auf ihre persönlichen Ziele ein und erklären, wie lange sie sich als Personal Brand verstehen.

Allgemeiner Teil: Einstieg

Hier wurden vier Fragen zu den persönlichen Zielen der Experten sowie deren Definition von Personal Branding gestellt. Diese Fragen sollen die eigenen Erfahrungen der Experten zeigen, bevor im Themenblock 1 Fragen zu Eignung, Expertentum und Loyalität gestellt wurden.

Themenblock 1 – Eignung, Experteneigenschaften

In dem ersten Themenblock werden Fragen gestellt, die aufzeigen sollen, für wen Personal Branding geeignet ist und was einen Experten ausmacht. Es wird dabei auf den Paradigmenwechsel vom Corporate Brand hin zum Personal Brand eingegangen. In diesem Zusammenhang ist die Frage der Loyalität eine sehr wichtige. Wie schaffen es Unternehmen, Mitarbeiter, die Personal Branding betreiben, langfristig an ein Unternehmen zu binden? Wie wichtig ist in diesem Zusammenhang die Loyalität?

Themenblock 2 – Settings, Contentstrategie, Tools

Der zweite Themenblock adressiert die wichtigen Einstellungen, die ein Personal Brand zur erfolgreichen Erstellung nutzen sollte. Hierbei wird unter anderem auf die Bilderwelten und die Relevanz von Customized URL eingegangen.

Content spielt eine der wichtigsten Rollen in der Bekanntheitssteigerung eines Personal Brands. Wie sieht eine typische Contentstrategie aus, wie wird am effektivsten der entstandene Content in den sozialen Netzwerken verteilt und welche Auswirkungen und Erfolge werden sichtbar?

Weiterhin erklären die Experten, welche Tools sie nutzen, wie die eigene Website und die eigenen sozialen Netzwerke genutzt werden können und wie man die Followerschaft / Leserschaft erhöhen kann.

Themenblock 3 – Aufwand

Der finanzielle Aufwand zur Erstellung eines Personal Brands ist besonders für Einzelpersonen ausschlaggebend. Unternehmen interessieren die zeitlichen Aufwände, die Mitarbeiter in die Pflege investieren müssen. Die Experten klären auf, ob Unternehmen ohne Probleme Personal Brands erstellen lassen können und wie viel Zeit die Pflege von der Arbeitszeit wegnehmen würde.

7.1.3 Methode der Datenauswertung

Zur Durchführung der Experteninterviews wurde die Methode des offenen Leitfadeninterviews angewendet. Der Leitfaden dient dem Interviewer als Gerüst für die Datenerhebung und macht so die Ergebnisse vergleichbar (vgl. Bortz & Döring, 1995, S. 289). Dabei sind die Fragen und die Reihenfolge der Interviews fest vorgeschrieben. Durch diese Interviews sollen gleiche Bedingungen für alle Befragten hergestellt werden, damit bei der späteren Auswertung die Antworten der Befragten verglichen werden können. Das Leitfadeninterview soll den Interviewten Raum für eigene Formulierungen geben.

Alle Fragen wurden stets vorgelesen, damit keine Details der möglichen Antworten verloren gingen. Die Interviews wurden mit Hilfe eines digitalen Aufnahmegerätes aufgezeichnet und anschließend transkribiert. Dies bildete die Grundlage für die Auswertung der Interviewergebnisse.

Die Interviews wurden mit einem Tonbandgerät aufgezeichnet. Das Einverständnis wurde von allen Interviewten im Voraus eingeholt. Die Transkription (lat. „transcriptio") meint die buchstabengenaue Abschrift eines Textes (bedeutung-von-woertern.com). Die Transkription lief nach folgen Transkriptionsregeln ab:

- Es wurde wörtlich transkribiert und Dialekte wurde ausgelassen.
- Die Sprache wurde leicht geglättet und an Schriftdeutsch angepasst.
- Längere Pausen wurden durch (...) gekennzeichnet.
- Passagen, die nicht zu verstehen sind, wurden gekennzeichnet.
- Alle Zeilen der Transkription wurden gekennzeichnet.

Allen Interviewpartnern wurden inhaltlich die gleichen im Leitfaden enthaltenen Fragen gestellt. Die Interviews wurden telefonisch oder vor Ort durchgeführt. Zwei der vier Experteninterviews wurden telefonisch durchgeführt und dauerten zwischen 12 und 30 Minuten.

Die Daten wurden nach dem Ablaufmodell von Mayring analysiert. Dabei wurden nur relevante Interviewabschnitte analysiert, die durch den Interviewer und den Interviewten erzeugt wurden. Das Material liegt dem Verfasser in transkribierter Form vor. Die Analyse soll seinen Interpretationsfokus auf die Intention des Verfassers legen (vgl. Mayring, 1989 zitiert nach Lamnek, 2002).

Das Material wurde nach der Forschungsfrage „Wie baut man Experten als Personenmarke in den digitalen Medien auf?" untersucht. Dabei wird das Material nach dem Analyseverfahren der Zusammenfassung strukturiert. Ziel ist es, „dass die wesentlichen Inhalte erhalten bleiben, durch Abstraktion ein überschaubares Korpus zu schaffen, das immer noch ein Abbild des Grundmaterials ist" (Mayring, 2002, S. 115).

Im Zuge der Analyse wurden die Themenblöcke in Oberkapitel und Unterkapitel unterteilt und es erfolgte eine Kategorienbeschreibung.

Die vorliegende Thesis ist nach den im Theorieteil der Arbeit und dem Interviewleitfaden gegliederten Oberkategorien (OK) und Unterkategorien (UK) geordnet. Die Kategorien wurden deduktiv ermittelt, d. h., die Kategorien wurden vor der Analyse des Datenmaterials aufgestellt und definiert. Die Oberkategorien sollen die Auswertung leiten und die Unterkategorien gehen auf kleinere Teilbereiche der Interviews ein. In der qualitativen Inhaltsanalyse wurden danach die Kategorien definiert und mit Ankerbeispielen belegt, um einen thematischen Vergleich der Interviews zu gewährleisten (Wassermann 2014: S. 61).

Das gesamte Kategoriensystem dieser Arbeit ist im Anhang abgebildet. Zur Veranschaulichung sind im Folgenden eine Oberkategorie und eine Unterkategorie mit Beschreibung und dem jeweiligen Ankerbeispiel dargestellt.

	Kategorien-beschreibung	Definition	Ankerbeispiele
OK 1	Allgemeines zum Personal Branding	Alle Textstellen, in denen die Experten Aussagen zum Personal Branding im Allgemeinen treffen.	„... das heißt die Reputation und das Know-how, was mir in der analogen Welt zugesprochen wurde und wird, in die digitale Welt zu übertragen." E3 Z. 13
UK 1.1	Definition, eigene Erfahrungen und Zielsetzungen	Alle Textstellen, die einen Hinweis darauf geben, was die Experten unter Personal Branding verstehen, was die persönlichen Ziele waren und wie lange sie Personal Branding betreiben.	„... ist für mich die Markenbildung einer einzelnen Person" E3 Z. 9 „... die Darstellung deines Wissens, deines Know-how, in einer authentischen Form" E3 Z. 7 „... ich will das verdeutlichen und rüberbringen, was ich kann" E3 Z. 30

Abb. 12: Kategorienbildung

Induktive Kategorienbildung

Bei der induktiven Kategorienbildung wurden die Kategorien nicht vor der Sichtung des Materials gebildet, sondern direkt aus dem Material abgeleitet. Die induktiven Kategorien wurden durch eine Reduktion des Materials auf die zentralen Aussagen gebildet. Das rohe Zitat wurde zunächst paraphrasiert – „paraphrasieren meint in der Sprachwissenschaft etwas in eigenen Worten wiedergeben/erklären" (neueswort.de) – und danach generalisiert. Aus dem Ergebnis wurde anschließend jeweils eine Kategorie gebildet (vgl. Mayring 2015: S. 71). Dies wird im folgenden Beispiel veranschaulicht.

Der vollständige Vorgang der deduktiven und induktiven Kategorienbildung ist im Anhang abgebildet. Wenn das finale Kategoriensystem fertiggestellt ist – nun aus deduktiven und induktiven Kategorien bestehend –, kann in einem letzten Materialdurchlauf erneut getestet werden. Daraufhin folgt die Kodierung, in der alle essenziellen Textstellen den Kategorien zugeordnet wurden. Es wurden alle transkribierten Zeilen durchgearbeitet und alle relevanten Textstellen wurden einer Kategorie zugewiesen. Das Ergebnis zeigt ein mit Textstellen gefülltes Kategoriensystem. Darauffolgend wurden alle geführten Interviews kategorienbasiert ausgewertet und in einem flüssigen, wissenschaftlichen Text zusammengefasst, der die Ergebnisse beschreiben kann.

Originaltext	Paraphrasierung	Generalisierung	Reduktion/ Kategorien
„Also Personal Branding ist für mich die Markenbildung einer einzelnen Person, d. h. also die Person kann entweder eine Einzelperson sein oder im Kontext ihrer Unternehmung, für die sie arbeitet, eben eine der herausragenden Personen, ob nun in ob nun in Führungs- oder Fachverantwortung." E1 Z. 8 bis Z. 12	Personal Branding ist die Markenbildung einer herausragenden einzelnen Person, die selbstständig ist oder dies für ein Unternehmen veranstaltet.	Personal Branding ist die Markenbildung für herausragende Persönlichkeiten.	Personal Branding dreht sich um die professionelle Abbildung einer Person.

Abb. 13: Induktive Kategorienbildung

Die Ergebnisse werden im folgenden Kapitel pro Kategorie dargelegt, damit sie in einem größeren Kontext gezeigt werden können. In der Handlungsempfehlung in Kapitel 8 werden die Ergebnisse im theoretischen Kontext eingeordnet. Daraus soll ein Leitfaden entwickelt werden.

7.2 Kategorienbildung

Die Darstellung der Ergebnisse erfolgt sortiert nach den im Folgenden dargestellten Kategorien.

Kategorie 1: Professionelle Abbildung der Person

Personal Branding dreht sich die um die professionelle Abbildung einer Person. Diese Kategorie beschreibt, welche Schritte ein Personal-Branding-Kandidat ausführen muss, um eine professionelle Abbildung in den digitalen Medien zu erhalten.

Kategorie 2: Unternehmenskontext

Personal Branding muss von Unternehmen ermöglicht werden. Denn nur durch die richtigen Vorrausetzungen im Unternehmen können Personal Brands erst zu perfekter Positionierung gelangen.

Kategorie 3: Aufwand und Erfolg

Die Bildung eines Personal Brands benötigt hohe zeitliche und finanzielle Aufwände, um Erfolge zu erreichen. Diese Kategorie bildet ab, mit welchen Aufwänden zu rechnen ist und welche Erfolge erzielt werden können.

Kategorie 4: Strategie und Tools

Für den Aufbau eines Personal Brands werden eine Strategie und Tools benötigt. Die wichtigsten Tools werden von den Experten vorgestellt und mit der Strategie verbunden.

Kategorie 5: Digitale Kanäle

Personal Branding benötigt digitale Kanäle. In diesem Kapitel sollen die wichtigsten Kanäle genannt und erklärt werden.

7.3 Auswertung der Experteninterviews nach Kategorien

7.3.1 Kategorie 1: Professionelle Abbildung der Person

Personal Branding dreht sich um die professionelle Abbildung einer Person. Diese Kategorie legt einen wichtigen Teil im Rahmen der Forschungsfrage fest. Die Ergebnisse lassen einen Einblick zu, der zeigt, welche Dinge eine potenzielle Personal Brand ausführen muss, um eine professionelle Abbildung in den digitalen Medien zu erhalten. Dabei wird auf die Definition eingegangen, die beschreiben soll, was Personal Branding im Zusammenhang mit der Person bedeutet und ab wann sich Personal Branding für Personen lohnt. Bei der professionellen Abbildung der Person wird weiterhin auf den Expertenstatus eingegangen und auf die Bilderwelten, die ein Personal-Branding-Kandidat verwenden sollte.

Definition Personal Branding

Für die Experten ist Personal Branding die Markenbildung einer einzelnen Person. Diese kann dabei im Unternehmen angestellt oder eine herausragende Einzelperson sein (vgl. E1 Z. 8 bis Z. 12). Personal Branding wird dabei nicht erst im Berufsleben wichtig, sondern laut Michael Buck ab dem ersten Tag betrieben, besonders in der Schulzeit. Dann erfolgt der Ausbau des Brands in der Berufswelt und zieht sich durch das weitere Leben der Menschen (vgl. E3 Z. 20 bis Z. 23).

Als geeignete Definition zur Personal Branding in den digitalen Medien eignet sich die Aussage von Convidera-Gründer Michael Buck: „Personal Branding ist für mich die Darstellung deines Wissens, deines Know-hows in einer authentischen Form, dass man im Außenverhältnis, in der analogen Welt schon immer gemacht hat und was jetzt halt eine digitale Persona übertragen muss" (E3 Z. 7 bis Z. 10).

Julius van de Laar ergänzt dabei die Notwendigkeit von Personal Branding. „Wenn man in seinem beruflichen Kontext Erfolge erzielen will und einen neuen Job sucht, liegt die Vermutung nahe, dass sich potenzielle Arbeitgeber über Google über eine Person informieren. Hier hilft Personal Branding, die Sichtbarkeit zu erhöhen" (vgl. E2 Z. 111 bis Z.113).

Expertenbildung & Eignung

Die Expertenbildung hat in diesem Zusammenhang mehrere Komponenten, d. h., Experten müssen mehrere Vorrausetzungen erfüllen, um als solche in den digitalen Medien und von anderen Experten anerkannt zu werden. Experten haben „fachliches und persönliches Know-how über ein Themengebiet" (E4 Z. 37 bis Z.39). Auch das passende Netzwerk gehört dazu und die Kompetenz, anderen Personen Themen vermitteln zu können (vgl. E4 Z. 37 bis Z.39).

Die Eignung hat für Professor Eichsteller unterschiedliche Facetten. Der Experte braucht neben der inhaltlichen Eignung und der richtigen Positionierung auch nachgewiesene Expertise (vgl. E1 Z. 46 bis Z.49). In der heutigen Zeit kann sich jede Person als Experte positionieren und diese Informationen in seiner Twitter-Bio oder seinen anderen digitalen Kanälen angeben. Dies erweckt den Schein, mit einem Experten vernetzt zu sein und gibt diesem eine gewisse Glaubwürdigkeit in den digitalen Kanälen, jedoch besteht die hohe Wahrscheinlichkeit, dass dieses falsche Expertentum auffliegt.

Einen richtigen Experten grenzt gegenüber einem semiprofessionellen Experten die nachgewiesene Expertise ab (vgl. E1 Z. 46 bis Z.49). Diese kann über Awards, siehe Beispiel Sam Hurley, oder Vorträge als Keynote Speaker bei großen Firmen nachgewiesen werden. Auch die Verlinkung zu anderen Themenportalen und die Google-Suche helfen dabei, einen richtigen Experten von einem falschen zu unterscheiden.

Bilderwelten

Die Auswahl der passenden Bilder hat einen großen Einfluss auf die Wahrnehmung eines Brands. Bilder können dabei verschiedene Dinge ausdrücken und werden nach den drei Kriterien Zugänglichkeit: „Möchte mir diese Person helfen oder schaden?", Jugendliche Attraktivität: „Ist diese Person ein passender Partner oder ein Rivale?" und Dominanz: „Kann mir diese Person helfen oder schaden?" unterschieden (Priebe 2015).

Die Experten stellen in diesem Kontext fest, dass Bilder authentisch sein müssen (vgl. E1 Z. 96 bis Z.99). Dies bedeutet nicht verwackelt oder semiprofessionell, sondern eine gute Vermittlung des eigenen Charakters, der eigenen Botschaft. Diese Bilder müssen weiterhin nicht vom Profi geschossen werden, sondern können auch ein gutes Amateurbild sein (vgl. E4 Z. 52 bis Z.55).

Wichtig ist, „... wenn man ein Personal Brand aufbaut, auch mit offenen Bildern zu arbeiten, mit sympathischeren Bilder, mit Bildern, die Personen nicht abschrecken" (E3 Z. 85 bis Z.87).

URL-Bedeutung

Im Theorieteil wurde bereits auf die SEO-Relevanz der URL eingegangen. Diese hilft bei Google, besser gefunden zu werden. Auch bei Profilen auf LinkedIn und XING sowie Twitter kann die URL die Auffindbarkeit deutlich erhöhen (vgl. E3 Z. 95 bis Z.97). „... wenn du ein einfaches Profil hast, eine einfache URL, dass die Suchmaschinen dich einfach besser indexieren können," (E3 Z. 95 bis Z.97).

7.3.2 Kategorie 2: Unternehmenskontext

Personal Branding muss von Unternehmen ermöglicht werden. Diese Kategorie legt die Vorrausetzungen fest, die in einem Unternehmen gegeben sein müssen, damit Mitarbeiter sich erfolgreich als Personal Brand positionieren können. Dabei wird einerseits vom Arbeitnehmer Loyalität erwartet, anderseits müssen Unternehmen Freiräume einräumen und Vertrauen schaffen, damit Personal Branding überhaupt ermöglicht werden kann.

Professor Eichsteller sieht in der Loyalitätsfrage eine der größten Herausforderungen für Unternehmen, denn „... die Unternehmung geht ein Stück zurück, die einzelne Person tritt weiter in den Vordergrund" (E1 Z. 77 bis Z.81). Weiterhin stellt er fest, dass Vertrauen und Loyalität in einem engen Zusammenhang stehen (vgl. E1 Z. 77 bis Z.81).

Unternehmen befürchten bei Personal Branding, dass Mitarbeiter bei Verlassen der Unternehmung viel Wissen und Außenwirkung mitnehmen. Michael Buck empfiehlt Unternehmen dabei, auf weiche Faktoren zu achten:

> „... ich muss mich schon sehr darum bemühen, dass diese Person sich wohl fühlt und auch langfristig bleibt. Ich glaube auch, das hat was damit zu tun, dass du den Personen Freiräume gibst" (E3 Z. 67 bis Z.73).

Michael Brecht stellt abschließend fest, dass Loyalität nicht unbedingt langfristig sein muss. Er geht dabei auf die volle Aufopferung für das Unternehmen ein, die Loyalität mit sich bringt, jedoch nicht zwangsläufig auf eine lange Zeit erfolgen muss (vgl. E4 Z. 45 bis Z.49).

7.3.3 Kategorie 3: Aufwand und Erfolg

Die Bildung eines Personal Brands benötigt hohe zeitliche und finanzielle Aufwände, um Erfolge zu erreichen. Diese Kategorie zeigt auf, mit welchen finanziellen Aufwänden Personal-Branding-Kandidaten bei einer professionellen Erstellung rechnen müssen und welche zeitlichen Aufwände für die weitere Pflege zu erwarten sind. Weiterhin wird definiert, an welchen Werten die Experten einen Erfolg messen und welche Auswirkungen das auf den Brand haben kann.

Aufwand Erstellung

Die Aufwände für die professionelle Erstellung einer Personal Brand beinhalten die Aufsetzung der Website sowie die relevanten Social-Media-Kanäle. Dabei werden die Profile mit professionellen Bildern versehen. Der Lebenslauf wird in allen digitalen Kanälen entsprechend eingearbeitet.

Die Experten schätzen solch ein Projekt aus ihren Erfahrungswerten im Bereich bis zu 10.000 Euro ein. Bei Professor Eichsteller wurde die Website in einer Größenordnung von 1500 Euro erstellt (vgl. E1 Z. 265 bis Z.267).

Julius van de Laar geht bei der kompletten Erstellung eines Personal Brands mit Website und professionellen Bildern vom Profi-Fotografen von Kosten in der Preisklasse von 5000 bis 10.000 Euro aus (vgl. E2 Z. 414 bis Z.416).

Michael Buck bietet mit seiner Firma Convidera genau solche Leistungen im professionellen Kontext für seine Kunden an. Dabei geht er davon aus, dass die Erstellung ungefähr zwei Tage benötigt (vgl. E3 Z. 190 bis Z.191).

Die Größenordnung des finanziellen Aufwands bewegt sich in den gleichen Dimensionen wie die Schätzung von Julius van de Laar. „Wenn du es professionell machen lässt, dann reden wir von einem Aufwand von 5.000 bis 10.000 Euro, die du aufbringen musst, um eine saubere Personal Brand zu haben" (E3 Z. 201 bis Z.202).

Besonders für Unternehmen sollte somit der Aufwand für Website und Positionierung in einem Rahmen liegen, der es ermöglicht, wichtige Partner der Unternehmung erfolgreich zu branden. In Gesprächen mit dem Geschäftsführer der SocialTradeMark GmbH, Till Zier, konnte ich erfahren, dass große Unternehmensberatungen wie PWC und Detecon weiterhin in Personal Branding investieren und bereits große Erfolge erzielen konnten.

Für Einzelunternehmer oder Experten sind die Kosten für eine professionelle Erstellung eher im höheren Rahmen einzuordnen, jedoch können Experten auch auf eigene Skills zurückgreifen. Michael Buck ordnet die Aufwendungen für die eigene Erstellung im Hundert-Euro-Bereich ein. Kosten entstehen dabei vor allem für Tools (vgl. E3 Z. 204 bis Z.206). Die Erstellung der Kanäle dauert laut Julius van de Laar im Bereich von einer viertel Stunde pro Kanal. Die Erstellung der Website hat natürlich einen höheren Zeitfaktor. Die Erstellung aller digitalen Kanäle dauert alles in allem drei Tage (vgl. E2 Z. 396 bis Z.400).

Aufwand Pflege

Die Pflege des Personal Brands ist unabdingbar. Aktualität und das Expertenwissen müssen regelmäßig nach außen getragen werden, damit die Erfolge sich langfristig einstellen.

Die Pflege beinhaltet für Julius van de Laar die Erstellung von regelmäßigen Postings und die Aktualität seiner Bilder (vgl. E2 Z. 396 bis Z.400).

Michael Buck rechnet mit einem Zeitaufwand von 15 Minuten am Tag (vgl. E3 Z. 195), und Michael Brecht geht von bis zu vier bis fünf Stunden pro Woche aus. Die Pflege des Personal Brands kann aber über die Woche verteilt erfolgen (vgl. E4 Z. 151 bis Z.153).

Outsourcing ist für Professor Eichsteller die Möglichkeit, die Pflege für seinen Twitter-Kanal und die Follower-Generierung nicht in seinen Zeitplan aufnehmen zu müssen. Dabei fallen kosten von 1.500 Euro pro Halbjahr an (vgl. E1 Z. 265 bis Z.267).

Tools können dabei helfen, Zeitprobleme zu beheben und automatisiert zu posten. Die Favoriten der Experten werden im Abschnitt 7.2.4 erläutert und vorgestellt. Weitere Tools wurden bereits unter 5.3 und 5.4 vorgestellt.

Erfolge messen

Personen, die Personal Branding betreiben wollen, müssen Erfolge verzeichnen und ihren beruflichen Erfolg sowie ihren Expertenstatus nach außen zeigen. Die Meinungsführerschaft soll langfristig erreicht werden.

Es gibt verschiedene Arten, den Erfolg von digitalen Kanälen zu messen. Michael Brecht misst „den Erfolg bei den Likes oder wie bekannt (man) auf Social Media" ist (E4 Z. 96 bis Z.98). Der Blog wird mit Google Analytics analysiert (vgl. E4 Z. 96 bis Z.98).

Für Michael Buck ist Erfolg in zwei Bereiche zu unterteilen. Personal Brands müssen von der relevanten Zielgruppe ausgemacht werden. Es müssen Wahrnehmung von außen und Interaktion erfolgen. Dabei kann man für die Erfolgserkennung auf die Interaktionsraten mit den geteilten Inhalten schauen. Der zweite, wichtigere Faktor ist der Bereich der Geschäftsanbahnungen, die aus der Kommunikation entstehen, d. h., der Personal-Branding-Kandidat bekommt Anfragen für Speaker Placements oder andere Business-Anbahnungen (vgl. Z. 140 bis Z. 145).

7.3.4 Kategorie 4: Strategie und Tools

Für den Aufbau eines Personal Brands werden eine Strategie und Tools benötigt. Diese Kategorie beschreibt, wie Content organisiert werden muss, um erfolgreich in den digitalen Kanälen zu performen. Weiterhin werden die relevanten Tools beschrieben, die die Verteilung ermöglichen und oft auch eine Zeitersparnis bedeuten.

Für Julius van de Laar ist der Fokus in der Contentstrategie im Bewegtbild angelegt, da dort gilt, das Fotos besser als Text performen. In dem digitalen Kanal Twitter ist es durchaus legitim, Inhalte zu retweeten und dadurch Hintergrundinformationen zu bieten (vgl. E2 Z. 220 bis Z.225).

Michael Buck´s Contentstrategie stützt sich auf die Inhalte, die er auf der Arbeit im digitalen Umfeld kennen muss. Der Content orientiert sich dabei stark an dem Leistungsspektrum, welches er als Berater seinen Kunden anbietet (vgl. E3 Z. 103 bis Z.106).

Für den Dialog empfiehlt Michael Buck: „Ganz einfach, indem ich mich darum bemühe, dort zu sein, aktiv zu sein, den Leuten auch zu zeigen, dass ich ihre Inhalte wertschätze und Dialoge führe und eben auch Lob verteile für andere" (E3 Z. 177 bis Z.181).

Die Followerschaft wird erhöht, indem man den richtigen Leuten selbst folgt und dadurch gesehen wird. Dies ist eine der wichtigsten Regeln auf digitalen Kanälen, besonders auf Twitter (vgl. E3 Z. 177 bis Z.181).

Inhalte hat Julius van de Laar eine Zeit lang über das Tool Buffer verbreitet. Seit einiger Zeit benutzt er das Premium-Tool Chart in Social. Dieses Premium-Tool hält ein leistungsstarkes Dashboard für den Nutzer bereit und ist preislich hoch angesiedelt, welches daher eher für Unternehmen Sinn macht und bei der Positionierung von CEOs, CFOs oder HR helfen kann (vgl. E2 Z. 293 bis Z.298).

Wichtig bei der Contentbeschaffung ist eine sehr klare Routine in der Informationsbeschaffung. Dadurch kann auf Dauer viel Zeit am Tag gespart werden und Informationen werden somit schnell in den richtigen Kontext eingeordnet und weiterverbreitet. Die Empfehlung lautet, die Essenz fremden Contents zu nehmen und im eigenen Kontext in die Kanäle zu bringen (vgl. E3 Z. 123 bis Z.127).

Dabei helfen Digital Tools wie Buffer, zeitnahe Pläne zu erstellen und Zeitzonen zu überbrücken. Wenn die Leserschaft weit über die Welt verteilt ist, kann man über die zeitliche Ausspielung des Tools seine Kontakte besser erreichen. Bei der Betreuung der Kanäle können auch die Plattformen selbst helfen, da sich diese Tools auch zur Analyse und Ausspielung anbieten (vgl. E3. Z.130 bis Z.134).

Um auf dem Laufenden zu bleiben und die vorhandene Zeit effektiv zu nutzen, macht Michael Brecht sich Notizen mit dem Texteditor in seinem Handy. Spannende Themen werden später in den eigenen Blog übertragen und darüber veröffentlicht (vgl. E4 Z. 77 bis Z.79). Die Optimierung erfolgt über das SEO-Tool Yoast für seinen WordPress-Blog, Twitter Analytics und Tweetsmap ergänzen die Auswertung von Twitter (vgl. E4 Z. 77 bis Z.79).

7.3.5 Kategorie 5: Digitale Kanäle

Personal Branding benötigt digitale Kanäle. Die Experten haben dabei bewertend eine Aussage getroffen, welche Kanäle für die Positionierung am wichtigsten sind.

Ein Blog gehört in der digitalen Welt dazu und gibt dem Verfasser eine Creditibility (vgl. E4 Z. 127 bis Z.129). Auch für andere Experten ist der Blog die Home Base, auf den alle Maßnahmen zurückzuführen sind. „Die Website ist natürlich der Hub, also die Website ist der Kern, der Ankerpunkt, wo alles entsprechend zusammenfließt" (E1 Z. 217 bis Z.219).

Die sozialen Kanäle beschränken sich dabei auf „LinkedIn und Twitter" (E3 Z. 155). Julius van de Laar spricht noch Facebook als größtes soziales Netzwerk gute Fähigkeiten zu, dies wird jedoch von den anderen Experten nicht bestätigt (vgl. E2 Z. 348).

8 Handlungsempfehlung

Diese Handlungsempfehlung ist eine Kombination aus dem ersten Teil der Arbeit mit den Kapiteln 1 bis 5, den eigenen Erfahrungen beim Launch des Personal Brands Dr. Matthias Gröbner und den Expertenmeinungen von Michael Buck, Michael Brecht, Prof. Harald Eichsteller und Julius van de Laar.

Bewusstsein über Personal Branding

Erfolgreiches Personal Branding wird bestimmt durch Schritte, die nacheinander erfolgreich bewältigt werden, und bewussten Entscheidungen, die die Kandidaten treffen müssen.

Der Anfang für erfolgreiches Personal Branding besteht darin, sich seiner eigenen Person bewusst zu werden. Dabei helfen die verschiedenen vorgestellten Personal-Branding-Konzepte oder der abgeleitete Leitfaden (siehe Kapitel 4). Bei Dr. Matthias Gröbner wurden anhand des Personal Branding Canvas der SocialTradeMark GmbH seine Werte festgelegt. In einem ersten Meeting füllte Matthias Gröbner das Canvas aus. Daraufhin wurde die Strategie für seine Platzierung geschaffen.

Eine Empfehlung lautet, sich zuerst über seine Stärken und Schwächen klar zu werden. Dabei helfen alle Personal-Branding-Konzepte mit geeigneten Fragen, wie bspw. „Wenn ich mit einem schwierigen Hindernis konfrontiert war, was war mein ‚go to'-Skill, um es zu überwinden oder was war mein erfolgreichstes Projekt?" Dabei können auch Erfolge wie Awards oder Speaker Placements aufgeschrieben werden, um das Stärken-Profil zu vervollständigen. Langfristig sollten Personal Brands eine Meinungsführerschaft in ihrem Bereich anstreben. Dies funktioniert nur über ein selbstbewusstes Auftreten – auch im Bewusstsein von Schwächen. Die Hauptschwächen sollten durch eine Validierung mit Kollegen herausgefunden werden. Danach wird eine Strategie aufgesetzt, in der Schwächen mit Stärken kompensiert werden können.

> Leidenschaft ist der Kraftstoff, der einen antreibt. Wenn man seine Leidenschaft integriert und um sich herum ein Kraftfeld aus Begeisterung, Engagement und Inspiration schafft, wird man erfolgreich werden. (Vgl. PWC)

Diese Leidenschaft und Passion gilt es als Personal Brand herauszufinden. Sind es Tutorials, die anderen Menschen helfen, oder Themen wie Sport oder Politik, die ein Personal Brand im privaten und beruflichen Umfeld begeistern? Die Passion hilft Personal Brands bei der Contenterstellung und schafft es, den Zeitaufwand zu relativieren.

Der Personal-Branding-Kandidat sollte seinen Zweck für die externe Sicht definieren: „Warum bin ich hier?" Wie bei der Passion reicht diese Antwort über den Tellerrand hinaus. Diese Frage kann man ein Leben lang verfeinern. Und es ist an einem selbst, die Antwort zu entdecken und zu definieren (PWC).

Alle Punkte sollten am besten von Kollegen und Freunden validiert werden. Es kann vorkommen, dass eigene und fremde Vorstellungen über die Person abweichen und die Validierung hilft, eine differenzierte Meinung zu bilden.

Am Ende werden weitere wichtige Fragen aus dem Branding Canvas gestellt, welche die Auswahl der Kanäle und Maßnahmen klären und dabei helfen, Profil-Einstellungen vorzunehmen. Dies kann als strategische Ausrichtung betrachtet werden.

Dabei wird auf die Zielgruppe eingegangen und welche Maßnahmen zur Erreichung der Kunden getroffen werden sollten. Die Leserschaft muss in Kombination mit dem Blog und den sozialen Netzwerken erfolgreich generiert und stetig erweitert werden. Eine klare Strategie muss auf den Charakter des Brands angewendet werden, um eine authentische Kommunikationsweise zu gewährleisten.

Aus Erfahrungen bei der Unternehmensberatung Detecon konnte ich feststellen, dass der Zeitfaktor für viele Berater eine zentrale Rolle spielt. Personal Brands müssen sich über die zu investierenden Aufwände im Klaren sein. Die Experten gehen bei der Pflege von 15 Minuten pro Tag aus.

Abschließend stellt sich die Frage nach eigenen Zielen und Vorstellungen, die das Handeln der Personal-Branding-Maßnahmen beeinflussen werden. Es sollte eine direkte und ehrliche Auseinandersetzung mit den persönlichen Wünschen und Zielvorgaben erfolgen. Der Erfolg ist dabei ein subjektiver Faktor und kann nicht genau betitelt werden (Evsan 2015b).

Nach der erfolgreichen Definition der eigenen Person und der Strategie, die man als Personal Brand verfolgen will, liegt anschließend der Fokus auf der Erstellung der digitalen Kanäle. Präsenzen in den sozialen Netzwerken müssen aufgebaut werden und laut Experten wird eine Website mit Blog als Home Base empfohlen.

Bilder

Für die Website und die sozialen Netzwerke gelten die gleichen Regeln wie für Bilder. Die Experten stellen in diesem Kontext fest, dass Bilder authentisch sein müssen (vgl. E1 Z. 96 bis Z.99). Dies bedeutet nicht verwackelt oder semiprofessionell, sondern eine gute Vermittlung des eigenen Charakters, der eigenen Botschaft. Diese Bilder müssen weiterhin nicht vom Profi geschossen werden, sondern können auch ein gutes Amateur-Bild sein (vgl. E4 Z. 52 bis Z.55).

Wichtig ist „... wenn man ein Personal Brand aufbaut, auch mit offenen Bildern zu arbeiten, mit sympathischeren Bildern, mit Bildern, die Personen nicht abschrecken" (E3 Z. 85 bis Z.87). Dies gilt für das Profil- und Titelbild.

Die Bilderwelt sollte einheitlich über alle digitalen Kanäle verwendet werden, d. h., das Profilbild sollte bei den sozialen Netzwerken genau so wie beim Blog dasselbe sein, ebenso das Titelbild bei den Netzwerken Twitter und LinkedIn.

Website Blog

Die Erstellung einer Website mit Blog hat nicht nur Vorteile für die Performance bei Google, sondern gehört in der digitalen Welt dazu und gibt dem Verfasser eine Creditibility (vgl. E4 Z. 127 bis Z.129).

Bei der Erstellung des Personal Brands Matthias Gröbner wurden alle wichtigen Seiten erstellt, um die beste Auffindbarkeit und Struktur zu bieten. Auf der Startseite empfängt ein professionell geschossenes Bild den Besucher und ein Text über die Person erklärt dem Besucher, was er von der Seite erwarten darf. Die Themenfelder, in denen sich der Berater bewegt, werden vorgestellt und der Call-to-Action ist auf die Generierung von neuen Newsletter-Abonnenten gesetzt. Darunter beginnen die neuesten Artikel des Transformationsexperten.

Die Über-Mich-Seite bietet Informationen über die Leistungen, die Dr. Gröbner anbietet, der Link zur Unternehmung Detecon wird über eine eigene Seite dargestellt. Im Bereich News & Trends werden SEO-relevante Kurznachrichten und Link-Empfehlungen gepostet und die Kontaktseite bietet ein Formular zur schnellen Kontaktaufnahme.

Die Corner Stone Page ist eine weitere Empfehlung der SocialTradeMark GmbH, die im Rahmen der Erstellung angesprochen wurde. Hierbei müssen genügend Inhalte vorliegen, bevor diese erstellt werden kann.

Die Corner Stone Page ist der Grundstein, das Wesentliche und Unentbehrliche der Website, auf dem alle anderen Artikel aufbauen. Der Schlüssel ist die Schaffung von überzeugenden Inhalten, bei denen sich die Verknüpfung lohnt (vgl. Clark 2007). In Kapitel 6.2.3 wurde die genaue Vorgehensweise für die Erstellung einer Corner Stone Page beschrieben, die die Relevanz für Benutzer erhöht und Inhalte so überzeugend darstellt, das andere Nutzer ihre Seiten mit der Corner Stone Page verknüpfen wollen.

Eine Erhöhung der Reichweite kann über eine Distribution in den sozialen Netzwerken oder mit Newslettern erfolgen.

Auch beim Aufbau des Personal Brands Matthias Gröbner wurde teilweise auf E-Mail-Marketing gesetzt. Der Call-to-Action auf der Website ist die Registrierung des Newsletters.

Dabei ist die Grundvoraussetzung eine möglichst vollständige Adressdatenbank und zusätzliche Informationen wie Alter und Geschlecht (vgl. Düweke und Rabsch 2012).

Durchdachtes E-Mail-Marketing kann viele positive Auswirkungen auf eine Website haben. Es gibt geschätzte 4,3 Milliarden E-Mail-Accounts, täglich werden 109 Milliarden E-Mails verschickt. E-Mail-Marketing punktet mit seiner Effizienz.

Soziale Netzwerke

Die wichtigen sozialen Kanäle eines Personal Brands sind „LinkedIn und Twitter" (E3 Z. 155). Im Theorieteil wurde weiterhin auf das Portal XING eingegangen, welches hauptsächlich in der DACH-Region Anwendung findet.

In Twitter sollte der Personal-Branding-Kandidat seine Twitter-Bio ausfüllen. In der Kurzbiographie hat man mit 160 Zeichen ein kleines Textfeld. Die Beschreibung sollte ein Mix aus Keywords und Tätigkeiten sein. Keywords sollten für das stehen, was man auf Twitter veröffentlicht (vgl. Tantau 2016).

Mit der Beantwortung der Fragen ‚Wo arbeitest du?, Was genau arbeitest du?, Worüber twitterst du?, Wer bist du privat?' kann die Twitter-Biographie sinnvoll gefüllt werden. Für das Feld der Website gilt, die jeweilige Seite zu verlinken.

Wer keine eigene Website hat, kann den Link auf sein LinkedIn- oder XING-Profil setzen (vgl. Tantau 2016).

Die Bilderwelt sollte sich an den Anforderungen der Experten orientieren. Es kann ein Profil- sowie ein Titelbild festgelegt werden.

XING gehört zu den Business-Netzwerken und ist eine Plattform für Karriere und Beruf. Es gibt bei XING drei wichtige Bereiche, die ausgefüllt werden sollten, um ein attraktives Profil zu gestalten. Die Kontaktdaten erleichtern den Call-to-Action für einen potenziellen Kunden. Bei XING kann man sich auch die Kontaktdaten als VCard runterladen und hat somit alle wichtigen Daten direkt im Handy (vgl. Gottesmann 2015). Der Profil-Slogan ist der zweite Bereich, den Besucher eines XING-Profils sehen. Idealerweise wählt man eine Beschreibung, mit der Außenstehende etwas verbinden, und ergänzt diesen Text vielleicht noch durch etwas Überraschendes (vgl. Mai 2015). „So werden Profil-Besucher neugierig und lesen sich auch den Rest des Profils durch – und genau das ist der Sinn und Zweck" (Mai 2015).

Die Bereiche „ich biete" und „ich suche" sind die letzten Bereiche des XING-Profils, die unbedingt gepflegt sein sollten. „Nutzen Sie immer die von XING vorgegebenen Wörter, da diese besser in der Suche gefunden werden" (Mai 2015).

Im „ich biete"-Bereich sollte stehen, was man von der Person erwarten kann, welche Stärken sie mitbringt, wo mögliche Anknüpfungspunkte für eine Kooperation liegen. Der „ich suche"-Bereich kann kreativ genutzt werden und darf die Besucher ruhig überraschen (Mai 2015). Auch hier gilt: Die Bilderwelt sollte sich an den Anforderungen der Experten orientieren. Es kann ein Profilbild festgelegt werden.

LinkedIn ist die größte professionelle Networking-Website und das größte Business-Netzwerk weltweit (vgl. Loretto 2016). Auch hier gilt eine vollständige Ausfüllung aller von LinkedIn angebotenen Bereiche. Besonders ist bei LinkedIn der Bereich Kenntnisse. „Ähnlich wie bei den Empfehlungen können eure Kontakte auch einzelne Kenntnisse von euch bestätigen. Dazu müsst ihr natürlich die Kenntnisse, mit denen ihr bei LinkedIn präsent sein wollt, auch eintragen" (Stoppacher 2014).

Contentstrategie

Für den Blog und die sozialen Netzwerke ist Inhalt wichtig, der in eine entsprechende Contentstrategie eingebunden ist.

Generell gilt, dass ein Mix aus eigenem Content und Fremd-Content ratsam ist. In der Aufbereitung des Contents sollte Wert auf Bilder gelegt werden (vgl. E2 Z. 220 bis Z.225). Studien belegen, dass Blog-Posts mit Bildern 94 % mehr Ansichten erhalten. Auf Twitter erhöht ein Bild die Retweet-Chance um 28 % und die Favorisierung eines Posts um 36 % (vgl. Seiter 2015).

Michael Buck´s Contentstrategie stützt sich auf die Inhalte, die er auf der Arbeit im digitalen Umfeld wissen muss. Der Content orientiert sich dabei stark an dem Leistungsspektrum, welches er als Berater seinen Kunden anbietet (vgl. E3 Z. 103 bis Z.106). Spannende Themen sollten später in den eigenen Blog übertragen und darüber veröffentlicht werden (vgl. E4 Z. 77 bis Z.79).

Für die sozialen Netzwerke bieten Content Hubs wie Feedly oder Rightrelevance Möglichkeiten, spannende Themen ohne großen Aufwand zu streuen.

Tools

Da der Zeitfaktor besonders bei Beratern wie Dr. Matthias Gröbner eine wichtige Rolle spielt, helfen Tools, den Aufwand so gering wie möglich zu halten. Wichtig bei der Contentbeschaffung ist eine sehr klare Routine der Informationsbeschaffung (vgl. E3 Z. 123 bis Z.127). Die im Theorieteil vorgestellten Tools zur Beschaffung von Content sind Feedly und Rightrelevance.

Feedly ist ein News Aggregator und kompiliert Nachrichten aus verschiedenen Online-Quellen wie Blogs oder Nachrichten-Webseiten und gibt dem Nutzer die Möglichkeit, die Quelle direkt zu teilen. In dem Content Hub Rightrelevance kann der User relevante Inhalte suchen und Beiträge entdecken, die von Themen-Influencern geteilt wurden.

Bei der Verteilung des Contents helfen Digitale Tools wie Buffer, die es ermöglichen, zeitnahe Pläne zu erstellen und Zeitzonen zu überbrücken (vgl. E3. Z.130 bis Z.134). Zur Ergänzung mit Bildern hat Buffer seinen Service mit dem Tool Pablo ergänzt und stellt dem Nutzer nun Bilder für die Postings zur Verfügung. Die Bilder kann man über eine Stichwortsuche suchen und danach in die gewünschte Social-Media-Größe umwandeln (vgl. Oberndorfer 2015).

„Die Followerschaft wird erhöht, indem man den richtigen Leuten selbst folgt und dadurch gesehen wird. Dies ist eine der wichtigsten Regeln auf digitalen Kanälen, besonders auf Twitter" (vgl. E3 Z. 177 bis Z.181). Das Tool Crowdfire ermöglicht es weiterhin, die sozialen Profile Instagram und Twitter von unerwünschten, inaktiven Verbindungen zu trennen und das Netzwerk zu erweitern.

Aufwand

Es lässt sich feststellen, dass Personal Branding Aufwände für die Erstellung sowie für die Pflege benötigt. Die Aufwände der Erstellung für ein professionelles Personal Brand belaufen sich auf die Aufsetzung der Website mit allen Social-Media-Kanälen. Die Experten schätzen solch ein Projekt aus ihren Erfahrungswerten in einem Bereich von bis zu 10.000 Euro ein. Bei Professor Eichsteller wurde die Website in einer Größenordnung von 1.500 Euro erstellt (vgl. E1 Z. 265 bis Z.267). Julius van de Laar geht bei der kompletten Erstellung eines Personal Brands mit Website und professionellen Bildern vom Profi-Fotografen von Kosten in Höhe von 5.000 bis 10.000 Euro aus (vgl. E2 Z. 414 bis Z.416). Der Zeitaufwand beläuft sich laut Experten auf zwei bis drei Tage für die komplette Erstellung aller digitalen Kanäle (vgl. E3 Z. 190 bis Z.191 und E2 Z. 396 bis Z.400).

Die Pflege des Personal Brands ist unabdingbar. Aktualität und das Expertenwissen müssen regelmäßig nach außen getragen werden, damit die Erfolge sich langfristig einstellen. Michael Buck rechnet mit einem Zeitaufwand von 15 Minuten am Tag (vgl. E3 Z. 195) und Michael Brecht geht von bis zu vier bis fünf Stunden pro Woche aus (vgl. E4 Z. 151 bis Z.153). Die Erfahrungen beim Brand Matthias Gröbner haben gezeigt, dass auch hier in etwa die gleiche Zeit in die Pflege investiert werden muss.

Die vorgestellten Tools erleichtern die Pflege und bringen eine Zeitersparnis von schätzungsweise 50 Prozent.

Personal Branding im Unternehmen

Es kann festgestellt werden, dass Personal Branding zu einem Paradigmenwechsel in den Unternehmen geführt hat. Personal Branding muss jedoch von Unternehmen ermöglicht werden. Dabei stehen sich Unternehmen und Personal Brands oft in einem Zielkonflikt gegenüber, denn einerseits muss ein Unternehmen Loyalität erwarten können und anderseits müssen Unternehmen Freiräume einräumen und Vertrauen schaffen, damit Personal Branding überhaupt ermöglicht werden kann.

Unternehmen fürchten beim Personal Branding, dass Mitarbeiter bei Verlassen der Unternehmung viel Wissen und Außenwirkung mitnehmen. Michael Buck empfiehlt Unternehmen, sich langfristig um die Person zu bemühen. Es muss eine Wohlfühlatmosphäre geschaffen werden. Dies funktioniert nur mit den entsprechenden Freiräumen (vgl. E3 Z. 67 bis Z. 73).

Wenn diese Freiräume gestattet werden, können sich auch langfristige Erfolge für Personal Brand und Unternehmen einstellen. Erfolge sind dabei klare Geschäftsanbahnungen über das Personal Brand (vgl. Z. 140 bis Z. 145). Die Erfahrungen von Convidera-Gründer Michael Buck sowie der SocialTradeMark GmbH zeigen, dass solche Erfolge die Investitionen in den Aufbau der Personal Brands meist schon kurzfristig amortisieren.

9 Literaturverzeichnis

Agrwal, H. (2016) Free Twitter Tools for automatic direct Messages [Online]. Available at http://www.shoutmeloud.com/free-twitter-tools-send-auto-dmmass-dm.html.

Ahrens, G. and Dressler, M. 'Online-Meinungsführer im Modemarkt: Der Einfluss von Web 2.0 auf Kaufentscheidungen', vol. 2011.

Alby, T. (2007) Web 2.0: Konzepte, Anwendungen, Technologien, 2nd edn, München, Carl Hanser Verlag.

Altimeter Group The rise of digital influence [Online]. Available at http://de.slideshare.net/Altimeter/%20the-rise-of-digital-influence.

Angermeier, G. (2015) Business Model Canvas [Online]. Available at https://www.projektmagazin.de/glossarterm/business-model-canvas (Accessed 30 January 2017).

Anlauf, L., Hauptmann, A. and Sonntag, R. 'Status Quo und Bedeutung der Meinungsführerforschung für Online-Communities', vol. 2013, pp. 149 bis 180.

ARD, Z. n. (2016) Anzahl der Internetnutzer in Deutschland in den Jahren 1997 bis 2016 (in Millionen) [Online]. Available at https://de.statista.com/statistik/daten/studie/36146/umfrage/anzahl-derinternetnutzer-in-deutschland-seit-1997/ (Accessed 18 January 2017).

ARD/ZDF Medienkommission (2015) : ARD/ZDF-Onlinestudie 2015: Knapp 80 Prozent der Deutschen sind online – User nutzen Internet häufiger und vielfältiger [Online]. Available at http://www.ard-zdf-onlinestudie.de/ (Accessed 27 December 2015).

Arruda, W. (2013) Questions to ask when uncovering your Personal Brand [Online]. Available at http://www.forbes.com/sites/williamarruda/2013/11/12/7questions-to-ask-when-uncovering-your-personal-brand/.

bedeutung-von-woertern.com Bedeutung transkribieren [Online]. Available at http://www.bedeutung-von-woertern.com/transkribieren (Accessed 20 January 2017).

Bendel, O. Defintion Soziale Medien [Online]. Available at http://wirtschaftslexikon.gabler.de/Definition/soziale-medien.html.

Bonset, S. (2013) One-Page-Design: Webdesign – Trend oder Nischen-Produkt? [Online]. Available at http://t3n.de/news/one-page-designwebdesign-trend-471366/ (Accessed 19 January 2017).

Bortz, J. and Döring, N. (1995) Forschungsmethoden und Evaluation, 2nd edn, Berlin Heidelberg, Springer-Verlag.

Braun, G. (2013) Verhandeln in Einkauf und Vertrieb: Mit System zu besseren Konditionen und mehr Profit, 2nd edn, Wiesbaden, Springer Fachmedien.

Buffer About [Online]. Available at https://buffer.com/about (Accessed 18 January 2017).

Camichels, G. (2013) Wie du erfolgreich eine themenrelevante Twitter-Followerschaft aufbaust [Online]. Available at https://marcusjohanus.wordpress.com/2013/04/13/wie-du-erfolgreich-eine-themenrelevante-twitter-followerschaft-aufbaust/ (Accessed 7 February 2017).

Center of Digital Excellence (2016) Digital Media Readiness Canvas, Detecon International GmbH.

Ceyp, M. and Scupin, J.-P. (2012) Erfolgreiches Social Media Marketing: Konzepte, Maßnahmen und Praxisbeispiele, Wiesbaden, Springer Fachmedien.

Cialdini, R. (2013) Die Psychologie des Überzeugens, 7th edn, Bern, Hans Huber.

Clark, B. (Januar 12 2007) How to Create Cornerstone Content That Google Loves [Online]. Available at http://www.copyblogger.com/how-to-createcornerstone-content-that-google-loves/ (Accessed 19 January 2017).

Contilla Social Media Content – virale Inhalte erstellen [Online]. Available at http://www.contilla.de/social-media-content (Accessed 19 January 2017).

Creative Commons (2015) Influence Now [Online]. Available at http://www.linkdex.com/en-us/resources/influence-now-2015 (Accessed 23 November 2015).

Cremer, G. (2016) 7 gute Gründe einen eigenen Blog zu führen [Online]. Available at https://pixel-bar.be/blog/7-gute-grunde-einen-eigenen-blog-zu-fuehren/ (Accessed 19 January 2017).

Crowdfire (2016) The Complete User Guide [Online]. Available at https://crowdfire.freshdesk.com/support/solutions/articles/5000703471-howto-use-crowdfire-user-guide- (Accessed 18 January 2017).

Definition-online.de Loyalität [Online]. Available at http://definitiononline.de/loyalitaet/ (Accessed 20 January 2017).

Detecon International GmbH [Online]. Available at www.detecon.com (Accessed 23 January 2017).

Detecon International GmbH Unternehmensprofil [Online]. Available at http://www.detecon.com/de/Ueber_Detecon/Unternehmensprofil (Accessed 25 January 2017).

DevHD Feedly [Online]. Available at https://feedly.com/ (Accessed 18 January 2017).

dialog Mail Die wichtigsten Vorteile von E-Mail Marketing auf einen Blick [Online]. Available at https://www.dialog-mail.com/know-how/ersteschritte/vorteile-von-email-marketing.php (Accessed 19 January 2017).

Duden Website, die [Online]. Available at http://www.duden.de/rechtschreibung/Website (Accessed 30 January 2017).

Düweke, E. and Rabsch, S. (28. August 2012) Erfolgreiche Websites: SEO, SEM, Online-Marketing, Usability, Bonn, Galileo Press.

Eichmeier, D. (2015) Content-Strategie [Online]. Available at http://www.digitalwiki.de/content-strategie/ (Accessed 18 January 2017).

Eichsteller, H. and Seitz, J. (2016) Engagment Marketing Insights [Online]. Available at http://www.engagementmarketinginsights.de/wpcontent/uploads/2016/02/EMInsights_Studienbericht.pdf (Accessed 27 February 2016).

Evsan, I. (2015) Personal Branding [Online]. Available at https://personalbranding.de/category/per-sonal-branding/ (Accessed 18 January 2017).

Evsan, I. (2015) Personal Branding Canvas: Die Toolbox für deine erfolgreiche Eigenmarke [Online]. Available at https://personalbranding.de/2015/04/21/personal-branding-canvas-die-toolbox-fuer-deine-erfolgreiche-eigenmarke/.

Evsan, I. (2015) Personal Branding: Was du vor dem Startschuss wissen musst [Online]. Available at https://personalbranding.de/2015/06/17/personalbranding-was-du-vor-dem-startschuss-wissen-musst/ (Accessed 18 January 2017).

Evsan, I. (2015) Social Influencer: So wirst du zum Meinungsführer im Social Web [Online]. Available at https://personalbranding.de/2015/06/23/socialinfluencer-so-wirst-du-zum-meinungs-fuehrer-im-social-web/ (Accessed 18 January 2017).

Evsan, I. (2015) Werde zur Marke: Alles, was du über Personal Branding wissen musst [Online]. Available at https://personalbranding.de/personalbranding/ (Accessed 20 January 2017).

Evsan, I. (2016) Wie Twitter bei deinem Business für einen Boost sorgt [Online]. Available at https://personalbranding.de/2016/03/22/wie-twitter-beideinem-business-fuer-einen-boost-sorgt/.

Evsan, M. (2015) 4 Gründe, warum Personal Branding gute Bilder braucht [Online]. Available at https://personalbranding.de/2015/05/20/4-gruendewarum-personal-branding-gute-bilder-braucht/ (Accessed 18 January 2017).

Fichtel, J. Personal Branding: Definition, Möglichkeiten und Tipps [Online]. Available at http://arbeits-abc.de/personal-branding/ (Accessed 20 January 2017).

Future Marketing Insights (2015) Consumer Electronics Market: Global Industry Analysis and Opportunity Assessment 2015 - 2020 [Online]. Available at http://www.futuremarketinsights.com/reports/consumer-electronics-market (Accessed 18 January 2017).

Gartner (2010) Top 10 Unternehmensberatungen weltweit nach Umsatz im Jahr 2009 (in Millionen US-Dollar) [Online]. Available at https://de.statista.com/statistik/daten/studie/186139/umfrage/top-10unternehmensberatungen-weltweit-nach-umsatz/ (Accessed 25 January 2017).

Geißler, C. (2004) Corporate Branding [Online]. Available at http://www.harvardbusinessmanager.de/heft/artikel/a-620603.html (Accessed 20 January 2017).

Gläser, J. and Laudel, G. (2010) Experteninterviews und qualitative Inhaltsanalyse: als Instrumente rekonstruierender Untersuchungen, Wiesbaden, VS Verlag für Sozialwissenschaften.

Google Inc Support [Online]. Available at https://support.google.com/plus/answer/2676340?hl=en (Accessed 18 January 2017).

Gottesmann, H. (2015) Titel [Online]. Available at http://www.xingtipps.de/?p=589 (Accessed 18 January 2017).

Gröbner, M. (2016) Matthias Gröbner: Experte für digitale Versicherungen [Online]. Available at https://matthiasgroebner.de/ueber-mich/ (Accessed 30 January 2017).

Gründerszene Lexikon Blog [Online]. Available at http://www.gruenderszene.de/lexikon/begriffe/blog (Accessed 18 January 2017).

Ha, A. (2015) Start a fire Launch [Online]. Available at https://techcrunch.com/2015/09/14/start-a-fire-launch/ (Accessed 18 January 2017).

Hamburg Media School (2013) HMS Media-Trend: „Crossmedia-Landscape: Wie Meinungsführer Medien nutzen" [Online]. Available at http://www.hamburgmediaschool.com/fileadmin/user_upload/Dateien/TT_Me dienmanagement/Crossmedia-LandscapeWieMeinungsfuehrerMedien-nutzen.pdf (Accessed 18 January 2017).

Hauptmann, A. (2014) 'Identifikation von Meinungsführern in Social Media', pp. 78 bis 103.

Hendele, T. (2009) 5 Vorteile von Social Media [Online]. Available at http://www.marketing-boerse.de/Fachartikel/details/5-Vorteile-von-SocialMedia/19582 (Accessed 20 January 2017).

Hilhorst, A. (2015) How Influencer Marketing Can Improve Your SEO [Online]. Available at http://www.onalytica.com/blog/posts/how-influencer-marketingcan-improve-your-seo/ (Accessed 18 January 2017).

Hirsch, K. (2015) Social Media Tools im Vergleich: Buffer und Hootsuite [Online]. Available at http://www.web-und-wissen.de/2015/vergleich-bufferhootsuite (Accessed 7 February 2017).

Hirsch, K. (2016) Facebook Titelbild Größen [Online]. Available at http://www.web-und-wissen.de/2016/facebook-titelbild-groesse (Accessed 18 January 2017).

Ho, K. (2016) How to Use the Twitter Dashboard [Online]. Available at http://www.socialmedia-examiner.com/how-to-use-the-twitter-dashboard/ (Accessed 18 January 2017).

Holmes, S. (2015) Social media marketing 2015: Autorisiertes Curriculum für das Webmaster Europe Ausbildungs- und Zertifizierungsprogramm, 2nd edn, Nürnberg, Webmasters Press.

Homepage Helden GmbH Definition Website [Online]. Available at https://www.homepage-helden.de/homepage-glossar/webseite/ (Accessed 18 January 2017).

Horn, D. (2013) So punktest du mit deiner „Über mich"-Seite [Online]. Available at http://www.media-affin.de/so-punktest-du-mit-deine-ueber-mich-seite (Accessed 19 January 2017).

Initiative D21 (April 2013) 'D21 -Digital-Index', p. 37.

Initiative D21 (2016) D21-DIGITAL-INDEX: Jährliches Lagebild zur Digitalen Gesellschaft [Online]. Available at http://initiatived21.de/app/uploads/2017/01/studie-d21-digital-index-2016.pdf (Accessed 30 January 2017).

Initiative D21. n. d. (2016) Anteil der Internetnutzer in Deutschland in den Jahren 2001 bis 2016 [Online]. Available at https://de.statista.com/statistik/daten/studie/13070/umfrage/entwicklung-derinternetnutzung-in-deutschland-seit-2001/ (Accessed 18 January 2017).

Insourcing Outsourcing.NET Unternehmensberatung, Consulting & Strategieberatung [Online]. Available at http://www.insourcingoutsourcing.net/unternehmensberatung-consulting-strategie-beratung/ (Accessed 23 January 2017).

ITWissen Webseite [Online]. Available at http://www.itwissen.info/definition/lexikon/Webseite-web-page.html (Accessed 30 January 2017).

Jacobsen, J. (2004) Was kommt auf die Startseite? [Online]. Available at http://www.content-manager.de/cms/was-kommt-auf-die-startseite/ (Accessed 19 January 2017).

Jacobsen, J. (2005) Vorteile von Blogs [Online]. Available at http://www.contentmanager.de/redaktion-recht/jens-jacobsen-vorteile-vonblogs/ (Accessed 19 January 2017).

Jenkner, J. (2007) Die drei Analysetechniken: Zusammenfassung, Explikation und Strukturierung [Online], Pädagogische Hochschule Freiburg. Available at https://www.ph-freiburg.de/quasus/einstiegstexte/datenauswertung/qualinhaltsanalyse/erlaeuterung-der-analysetechniken.html (Accessed 23 January 2017).

Kaiser, R. (2014) Qualitative Experteninterviews: Konzeptionelle Grundlagen und praktische Durchführung, Wiesbaden, Springer Fachmedien.

Kollmann, T. Blog [Online]. Available at http://wirtschaftslexikon.gabler.de/Definition/blog.html (Accessed 18 January 2017).

Kölsch, M. Content erstellen:: 39 Tipps zum Erfolg [Online]. Available at http://www.coseed.de/magazin/content-erstellen-39-tipps-zum-erfolg.html (Accessed 19 January 2017).

Kreutzer, R. T. (2016) Online Marketing, Wiesbaden, Springer Fachmedien GmbH.

Kühl, S., Strodtholz, P. and Taffertshofer, A. (2009) Handbuch Methoden der Organisationsforschung: Quantitative und Qualitative Methoden, VS Verlag für Sozialwissenschaften.

LinkedIn (2015) Analytics for Your Long-Form Posts [Online]. Available at https://www.linkedin.com/help/linkedin/answer/56329/analytics-for-your-longform-posts?lang=en (Accessed 18 January 2017).

Loretto, P. (2016) How to Use LinkedIn as an Intern [Online]. Available at https://www.the-balance.com/how-to-use-linkedin-as-an-intern-1987001 (Accessed 23 January 2017).

Lünendonk (2016) 'Führende Managementberatungs-Unternehmen in Deutschland'.

Mai, J. (2015) Personal Branding: Karriere per Eigenmarke [Online]. Available at http://karriere-bibel.de/personal-branding/.

Mai, J. (2015) Xing Profil optimieren [Online]. Available at http://karrierebibel.de/xing-profil-optimieren/ (Accessed 18 January 2017).

Mayring, P. (13. Februar 2002) Einführung in die qualitative Sozialforschung, 5th edn, Beltz.

McGee, M. (2010) Twitter: How Our New 'Top Tweets' Works [Online]. Available at http://searchengineland.com/twitter-how-our-new-top-tweetsworks-39115 (Accessed 18 January 2017).

Melnik, V. Wie du in 6 Schritten deine perfekte „Über mich"-Seite erstellst [Online]. Available at http://www.affenblog.de/wie-du-in-6-schritten-deine-perfekte-ueber-mich-seite-erstellst (Accessed 19 January 2017).

Michelis, D. and Schildhauer, T. (2010) Social Media Handbuch: Theorien, Methoden, Modelle, Baden Baden, Nomos Verlagsgesellschaft / Edition Reinhard Fischer.

Mumper, D. (2015) Content Marketing Teil 6: 10 einfache Tipps für eine kreative Contenterstellung [Online]. Available at https://www.omnea.de/blog/content-marketing-teil-6-contenterstellung (Accessed 19 January 2017).

neueswort.de Paraphrasieren [Online]. Available at http://neueswort.de/paraphrasieren/ (Accessed 20 January 2017).

Oberndorfer, E. (2015) Pablo: Dieses Tool erstellt ansprechende Social Media-Bilder in 30 Sekunden [Online]. Available at http://t3n.de/news/pablotool-erstellt-ansprechende-597636/ (Accessed 18 January 2017).

Oeser, M. (2009) Artikel zu einem späteren Zeitpunkt veröffentlichen [Online]. Available at https://www.der-prinz.de/artikel-spaeter-veroeffentlichen/ (Accessed 19 January 2017).

Oneill, M. (2015) Digitalisierung braucht geeignete Infrastrukturen [Online]. Available at http://www.computerwoche.de/a/digitalisierung-braucht-geeignete-infrastrukturen (Accessed 18 January 2017).

Online Lexikon für Psychologie und Pädagogik Expertise [Online]. Available at http://lexikon.stangl.eu/9834/expertise/ (Accessed 20 January 2017).

OnPage.org GmbH Google Analytics [Online]. Available at https://de.onpage.org/wiki/Google_Analytics (Accessed 20 January 2017).

OnPage.org GmbH Google Search Console [Online]. Available at https://de.onpage.org/wiki/Google_Webmaster_Tools (Accessed 20 January 2017).

OnPage.org GmbH URL [Online]. Available at https://de.onpage.org/wiki/URL (Accessed 18 January 2017).

Onpulsion Definition Social Selling [Online]. Available at http://www.onpulson.de/lexikon/social-selling (Accessed 18 January 2017).

Petersen, M. (2016) IFTTT: 18 1/2 clevere Rezepte für den genialen Dienst [Online]. Available at http://t3n.de/news/die-10-besten-ifttt-rezepte-488023/ (Accessed 18 January 2017).

Pfeiffer, L. (2014) Die 5 besten Twitter-Analyse-Tools: Twitter Account besser managen [Online]. Available at https://entwickler.de/online/webmagazin/die-5besten-twitter-analyse-tools-36097.html (Accessed 18 January 2017).

Pleil, T. (2009) Das Textdepot: Bruchstücke aus PR, Medien und Digitalien von Thomas Pleil [Online]. Available at https://thomaspleil.de/2009/08/27/qualitaet-corporate-websites/ (Accessed 19 January 2017).

Priebe, A. (2015) Perfekte Profilbilder für SocialMedia Accounts [Online]. Available at http://onlinemarketing.de/news/perfektes-profilbild-socialaccounts (Accessed 18 January 2017).

PWC 'Your Personal Brand Workbook'. [Online]. Available at http://www.pwc.com/us/en/careers/campus/assets/img/programs/personalbrand-workbook.pdf (Accessed 11 February 2017).

Raif, S. (2015) Personal Branding: Stärken stärken [Online]. Available at http://raifeleistung.de/2015/01/personal-branding-staerken-staerken/ (Accessed 18 January 2017).

Reineke, R.-D. Consulting [Online]. Available at http://wirtschaftslexikon.gabler.de/Definition/consulting.html (Accessed 23 January 2017).

Rightrelevance About [Online]. Available at http://info.rightrelevance.com/about/ (Accessed 18 January 2017).

Rosenstock, R. (2015) Digitale Netzwerke eröffnen neue Chancen [Online]. Available at http://www.zgv.info/perspektiefe-online/artikeleinzelansicht/digitale-netzwerke-eroeffnen-neue-chancen/37eec3168331c8c96afed50751c31373.html (Accessed 18 January 2017).

Sario Marketing Content-Strategie [Online]. Available at https://www.textbroker.de/content-strategie (Accessed 18 January 2017).

Schmidt, C. 5 Gründe, warum sich E-Mail-Marketing für Startups lohnt [Online]. Available at https://www.gruenderkueche.de/fachartikel/5-vorteile-von-e-mail-marketing-fuer-startups/ (Accessed 19 January 2017).

Schulte, T. (2012) Vorteile Corporate Design [Online]. Available at https://www.media-company.eu/blog/allgemein/vorteile-corporate-design/ (Accessed 19 January 2017).

Seiter, C. (2015) Engaging Social Media Images in 30 Seconds Flat: Introducing Pablo by Buffer [Online]. Available at https://blog.bufferapp.com/pablo-social-media-images (Accessed 18 January 2017).

Seitz, J. and Eichsteller, H. (2017) Digital Marketing Insights 2017: Status Quo, Trends und Perspektiven im Digitalmarketing, Köln, Bundesanzeiger Verlag.

seo-analyse.com Xing Begriffserklärung und Definitionnalyse [Online]. Available at https://www.seo-analyse.com/seo-lexikon/x/xing/ (Accessed 23 January 2017).

Siegler, M. G. (2009) Twitters golden Ration that no one likes o talk about [Online]. Available at https://techcrunch.com/2009/08/26/twitters-golden-ratiothat-no-one-likes-to-talk-about/ (Accessed 18 January 2017).

Siepermann, M. Website [Online]. Available at http://wirtschaftslexikon.gabler.de/Definition/website.html (Accessed 18 January 2017).

Social Media Aachen Content Marketing: Vorteile in Zahlen (Infografik) [Online]. Available at 11. März 2014 (Accessed 20 January 2017).

Social Quant FAQ [Online]. Available at https://www.socialquant.net/faq/ (Accessed 18 January 2017).

Start a fire About Start A Fire [Online]. Available at http://startafire.com/about/ (Accessed 18 January 2017).

Statista GmbH (2016) Unternehmensberatung – Statista-Dossier, Hamburg.

Stoppacher, T. (2014) 10 Tipps für das perfekte Linkedin Profil [Online]. Available at http://t3n.de/news/linkedin-10-tipps-fuer-perfekte-538977/ (Accessed 18 January 2017).

t3n Google Analytics [Online]. Available at http://t3n.de/tag/google-analytics (Accessed 20 January 2017).

Tantau, B. (2016) Perfekte Twitter Biografie [Online]. Available at http://t3n.de/news/perfekte-twitter-biografie-550305/ (Accessed 18 January 2017).

Technet Microsoft (2010) What is Digital Media? [Online]. Available at https://technet.microsoft.com/en-us/library/what-is-digital-media2(v=ws.11).aspx (Accessed 30 January 2017).

Technische Universität Kaiserslautern (2014) Anleitung für Experteninterviews [Online]. Available at https://www.bauing.uni-kl.de/fileadmin/immobilien/pdf/Anleitungen/Anleitung_fuer_Experten-gespraeche_FG_IOE.pdf.

Tißler (2014) Wie wir unsere Social-Media-Profile mit Buffer pflegen [Online]. Available at http://upload-magazin.de/blog/8750-buffer-anleitung/ (Accessed 18 January 2017).

Tödtmann, C. (2012) Wer sind die größten Management-Beratungen? [Online]. Available at http://blog.wiwo.de/management/2012/07/05/wer-sind-die-renommiertesten-management-beratungen/ (Accessed 25 January 2017).

Trends der Zukunft (2009) 10 Tipps: Wie bekomm ich mehr Follower bei Twitter? [Online]. Available at http://www.trendsderzukunft.de/10-tipps-wie-bekomm-ich-mehr-follower-bei-twitter/2009/05/15/ (Accessed 18 January 2017).

Twitter Support [Online]. Available at https://support.twitter.com/articles/314917 (Accessed 18 January 2017).

Twitter Twitter Statistiken [Online]. Available at https://business.twitter.com/de/analytics.html (Accessed 18 January 2017).

Universität Oldenburg (2010) Konzepte und Definitionen im Modul: Das Experteninterview [Online]. Available at http://viles.unioldenburg.de/navtest/viles0/kapitel02_Ausgew~aehlte~~lMethoden~~lder~~l Datenerhebung/modul02_Das~~lExperteninterview/ebene01_Konzepte~~lun d~~lDefinitionen/02__02__01__01.php3 (Accessed 20 January 2017).

Vatter, A. (2009) Twitter-Listen: Wie geht das und was soll das überhaupt? [Online]. Available at https://www.basicthinking.de/blog/2009/10/30/twitterlisten-wie-geht-das-und-was-soll-das-ueberhaupt/ (Accessed 18 January 2017).

Wassermann, S. 'Das qualitative Experteninterview: Methoden der Experten- und Stakeholdereinbindung in der sozialwissenschaftlichenForschung', S. 51 bis 67.

Yoast BV Yoast SEO for WordPress plugin [Online]. Available at https://yoast.com/wordpress/plugins/seo/ (Accessed 19 January 2017).

Zeta Producer (2014) Die 10 besten Tipps für die perfekte Unternehmenswebsite [Online]. Available at https://blog.zetaproducer.com/die-perfekte-firmenwebsite/ (Accessed 19 January 2017).

Anhang zur Bachelorarbeit

Anlage 1 Fragebogen Experteninterviews

Allgemeiner Teil – Einstieg

- Wie definieren Sie Personal Branding?
- Was waren Ihre persönlichen Ziele?
- Wie lange betreiben Sie Personal Branding?
- Als was wollen Sie sich mit ihrem Personal Brand positionieren?

Themenblock 1

- Für welche Personen ist Personal Branding geeignet?
- Welche konkreten Eigenschaften machen eine Person zum Experten?
- Durch den Paradigmenwechsel in den heutigen Unternehmen von dem Standard Corporate Branding zum Personal Branding wird wichtig, dass die ausgewählten Personen sich langfristig an das Unternehmen gebunden fühlen. In diesem Kontext, wie schätzen Sie die Wichtigkeit der Loyalität zum Unternehmen ein?

Themenblock 2

- Wie wichtig sind professionelle Bilder für die Positionierung als Personal Brand?
- Wie wichtig ist eine customized URL für das XING- oder LinkedIn-Profil?
- Haben Sie eine Content-Strategie und können Sie diese definieren?
- Welche Tags haben/wollen Sie mit ihrem Personal Brand belegen?
- Wie haben Sie den Prozess der Content-Aufbereitung organisiert?
- Wie verteilen sie den Content in Ihren digitalen Medien?
- Welchen Effekt hat dies auf Ihr Personal Brand und wie messen Sie den Erfolg?
- Welche Tools nutzen Sie für welche Aufgabe?
- Welche Kanäle sind für Sie wichtig, um Personal Branding zu betreiben?
- Was ist der wichtigste Kanal, um sich in Deutschland zu positionieren?
- Welche Rolle hat dabei ein eigener Blog bzw. eine eigene Website?
- Wie erhöhen Sie ihre Followerschaft/Leserschaft in den einzelnen Kanälen?

Themenblock 3

- Welchen zeitlichen Aufwand haben Sie in den Aufbau Ihres Personal Brands investiert?
- Welchen zeitlichen Aufwand investieren Sie für die Pflege?
- Welchen finanziellen Aufwand investieren Sie in den Aufbau und die Pflege?

Anlage 2 Inhaltsanalyse – Kodier-Leitfaden

	Kategorienbeschreibung	Definition	Ankerbeispiele
OK 1	Allgemeines zum Personal Branding	Alle Textstellen, in denen die Experten Aussagen zum Personal Branding im Allgemeinen treffen.	„… das heißt die Reputation und das Know-how, was mir in der analogen Welt zugesprochen wurde und wird, in die digitale Welt zu übertragen." E3 Z. 13
UK 1.1	Definition, eigene Erfahrungen und Zielsetzungen	Alle Textstellen, die einen Hinweis darauf geben, was die Experten unter Personal Branding verstehen, was die persönlichen Ziele waren und wie lange sie Personal Branding betreiben.	„… ist für mich die Markenbildung einer einzelnen Person" E3 Z. 9 „… die Darstellung deines Wissens, deines Know-how, in einer authentischen Form" E3 Z. 7 „… ich will das verdeutlichen und rüberbringen, was ich kann" E3 Z. 30
UK 1.2	Eignung	Alle Textstellen, in denen die Experten Aussagen zur Eignung eines Personal Brands treffen.	„Das ist eigentlich für jeden geeignet" E3 Z. 40 „Ist für jeden geeignet" E4 Z. 34
UK 1.3	Expertenbildung	Aussagen, die darauf hindeuten, was einen Experten ausmacht.	„… für mich ist ein Experte jemand, der von anderen als Experte angesehen wird." E3 Z. 55
UK 1.4	Loyalität	Die Beschreibung des Einflussfaktors Loyalität.	„Ja die Wichtigkeit der Loyalität ist ist hoch." E3 Z. 67 „Fachliches und persönliches Know-how über ein Themengebiet." E4 Z. 37

	Kategorienbeschreibung	Definition	Ankerbeispiele
OK 3	Settings	Alle Aussagen der Experten, die beinhalten, welche Eigenschaften und Einstellungen ein Personal Brand vornehmen muss.	„… ein biometrisches Bild ist nicht unbedingt das Bild, was ich nehmen würde, wenn ich ein Personal Brand aufbaue" E3 Z. 87
UK 3.1	Professionelle Bilder	Alle Textstellen, in denen die Experten Aussagen zu Bildern und deren Wirkung treffen.	„… ein Personal Brand aufbaut auch mit offenen Bildern zu arbeiten, mit sympathischeren Bildern" E3 Z. 85 „…professionell heißt nicht, dass sie unbedingt vom Profi sein müssen" E4 Z. 52
UK 3.2	Customized URL	Alle Aussagen der Experten, die beinhalten, welche Vorteile eine eindeutige URL hat.	„…, dass dahinter drin steht, linkedin.com/juliusvandelaar" E2 Z. 208 „Ich glaube es ist viel wichtiger für SEO-Effekte." E3 Z. 95
UK 3.3	Content-Strategie & Tags	Alle Textstellen, in denen auf die Content-Strategie und die Tags eingegangen wird, unter denen sich die Brand postionieren will.	„Meine Content-Strategie schließt alles mit ein, was ich auf der Arbeit und im digitalen Bereich können und wissen muss." E3 Z. 103 „… über den Blog über interessante Neuerungen spreche" E4 Z. 67
UK 3.4	Content-Aufbereitung	Aussagen, die darauf hindeuten, wie die Content-Aufbereitung bei den Experten abläuft.	„… eine sehr klare Routine, wie ich mir Informationen schnell beschaffen kann" E3 Z. 123 „… zunächst Notizen in meinem Mobil" E4 Z. 77

	Kategorien-beschreibung	Definition	Ankerbeispiele
UK 3.5	Effekte & Erfolge	Alle Aussagen der Experten, die beinhalten, welchen Effekt der Content auf die Personal Brand hat und wie sich Erfolge verzeichnen lassen.	„… gibt es Business-Anbahnungen oder Geschäftsanbahnungen, die aus dieser Art von Kommunikation entstehen." E3 Z. 143 „… messe den Erfolg bei den Likes" E4 Z. 96
UK 3.6	Tools	Aussagen, welche Tools die Experten für ihre Positionierung und eine Zeitersparung oder Analyse einsetzen.	„… Buffer Account, den ich eine Zeit lang genutzt habe" E2 Z. 293 „… Twitter Ad Manager oder Facebook Ad Manager." E3 Z. 151
UK 3.7	Kanäle	Alle Textstellen, in denen auf die wichtigen Kanäle zur Positionierung hingewiesen wird.	„… an Facebook kommt niemand vorbei." E2 Z. 348 „… LinkedIn und Twitter" E3 Z. 155
UK 3.8	Website Blog	Alle Aussagen der Experten, die beinhalten, welchen Einfluss die Website oder der Blog auf die Wahrnehmung hat.	„… wenn du eine Heimat für diese Inhalte hast" E3 Z. 159 „… ist ein Kommunikationstool, es ist fast schon eine Art Creditbility." E4 Z. 127
UK 3.9	Followerschaft Leserschaft	Alle Textstellen, in denen auf die Erhöhung der Leser- oder Followerschaft eingegangen wird.	„… ist es organisches Wachstum" E2 Z. 389 „… sehr viel Content. Valider Content natürlich nur." E4 Z. 136

	Kategorien-beschreibung	Definition	Ankerbeispiele
OK 4	Aufwand	Alle Aussagen der Experten, die beinhalten, welchen Aufwand zeitlich und finanziell der Personal Brand getätigt hat.	„Ja also das sind definitiv mehrere Stunden pro Woche" E1 Z. 245
UK 4.1	Zeitlicher & finanzieller Aufwand & Aufbau	Alle Aussagen der Experten, die den Aufwand, zeitlich oder finanziell, im Aufbau des Brands erläutert haben.	„Zwischen 5.000 und 10.000 Euro" E2 Z. 416 „… reden wir von einem Aufwand von 5.000 bis 10.000 Euro" E3 Z. 202
UK 4.1	Zeitlicher finanzieller Aufwand & Pflege	Alle Aussagen der Experten, die den Aufwand, zeitlich oder finanziell, in der Pflege des Brands erläutert haben.	„20 bis 30 Stunden pro Monat" E1 Z. 254 „… eine halbe bis dreiviertel Stunde am Tag." E2 Z. 409 „… bestimmt 4 bis 5 Stunden in der Woche" E4 Z. 151

Anlage 3 Inhaltsanalyse – induktive Kategorienbildung

Originaltext	Paraphrasierung	Generalisierung	Reduktion/ Kategorien
„Also Personal Branding ist für mich die Markenbildung einer einzelnen Person, d. h. also die Person kann entweder eine Einzelperson sein oder im Kontext ihrer Unternehmung, für die sie arbeitet, eben eine der herausragenden Personen, ob nun in ob nun in Führungs- oder Fachverantwortung." E1 Z. 8 bis Z. 12	Personal Branding ist die Markenbildung einer herausragenden einzelnen Person, die selbstständig ist oder dies für ein Unternehmen veranstaltet.	Personal Branding ist die Markenbildung für herausragende Persönlichkeiten.	Personal Branding dreht sich um die professionelle Abbildung einer Person.
„Also die Eignung hat für mich unterschiedliche Facetten. Wenn ich davon ausgehe, dass man positioniert sein muss als Experte, dann brauche ich eine haltliche Eignung, d. h. also ich muss tatsächlich eben auch nachgewiesene Expertise, vorweisen können." E1 Z. 46 bis Z. 49	Die Eignung für einen positionierten Experten im Personal Branding entsteht durch eine inhaltliche Facette und nachgewiesene Expertise.	Die Eignung für Personal Brand entsteht durch inhaltliche und nachgewiesene Expertise.	Personal Branding dreht sich um die professionelle Abbildung einer Person.

Originaltext	**Paraphrasierung**	**Generalisierung**	**Reduktion/ Kategorien**
„Also das wird eines, das ist eine der größten Herausforderungen, weil wenn kein Vertrauen da ist, wird die Loyalität der Mitarbeiter die ich für mich sprechen lasse (...) in den Vordergrund der Bühne lasse, also die Unternehmung geht ein Stück zurück, die einzelne Person tritt weiter in den Vordergrund." E1 Z. 77 bis Z. 81	Loyalität ist eine der größten Herausforderungen, da das Vertrauen der Unternehmung vorhanden sein muss. Der Mitarbeiter tritt in den Vordergrund und die Unternehmung tritt einen Schritt zurück.	Loyalität ist eine Herausforderung beim Personal Branding, da der Mitarbeiter vor die Firma tritt.	Personal Branding muss von Unternehmen ermöglicht werden.
„Also auf der einen Seite muss das authentisch sein, auf der anderen Seite darf man authentisch nicht mit verwackelt und semiprofessionell verwechseln." E1 Z. 96 bis Z. 99	Bilder müssen authentisch, aber nicht unprofessionell aussehen.	Die Authentizität von Bildern ist wichtig für ein Personal Brand.	Personal Branding dreht sich um die professionelle Abbildung einer Person.
„Also das Website-Projekt war in einer Größenordnung von 1.500 Euro. Und die Twitter-Geschichte ist eigentlich als Outsourcing-Lösung auch nochmal 1.500 Euro im halben Jahr." E1 Z. 265 bis Z. 267	Die Website und die SocialMedia-Betreuung haben Kosten in Höhe von ca. 4.500 Euro.	Die Erstellung eines Personal Brands auf einer Website und in den sozialen Kanälen ist mit hohen finanziellen Ausgaben versehen.	Die Bildung eines Personal Brands benötigt hohe zeitliche und finanzielle Aufwände, um Erfolge zu erreichen.

Originaltext	Paraphrasierung	Generalisierung	Reduktion/ Kategorien
„Also es ist ein Kommunikationstool, es ist, ähm, es ist fast schon eine Art Creditbility, ähm, wenn man in der digitalen Welt unterwegs ist, gehört es dazu." E4 Z. 127 bis Z. 129	Der Blog ist ein Kommunikationstool, welches dem Verfasser Creditibility gibt und welcher in der digitalen Welt dazu gehört.	Ein Blog gehört in der digitalen Welt dazu und gibt dem Verfasser eine Creditibility.	Personal Branding benötigt digitale Kanäle.
„… die Website ist natürlich der Hub, also die Website ist der Kern, der der Ankerpunkt, wo alles entsprechend äh zusammenfließt." E1 Z. 217 bis Z. 219	Die Website ist die Content-Quelle, der Kern und Ankerpunkt, wo alle Maßnahmen zusammenfließen.	Die Website eines Personal Brands dient als Ankerpunkt aller Aktivitäten.	Personal Branding benötigt digitale Kanäle.
„Jeder von uns sucht sich irgendwann einen neuen Job bzw. will einen neuen haben und meine Vermutung ist, dass heutzutage jeder halt mal googelt. Wenn man sich positionieren will, wenn man irgendwo hinkommen will." E2 Z. 111 bis Z. 113	Personal Branding ist geeignet für die Job-Suche und die Google-Performance und eignet sich für Leute, die sich positionieren wollen.	Personal Branding hat Auswirkungen auf Google und die Auffindbarkeit, auch von potenziellen Arbeitgebern.	Personal Branding dreht sich um die professionelle Abbildung einer Person.

Originaltext	Paraphrasierung	Generalisierung	Reduktion/ Kategorien
„Content-Strategie ist klar und Bewegt-Bilder und Fotos sind besser als Text. So ganz generell ist es durchaus legitim, auch einfach ein paar gute Sachen und ich spreche hauptsächlich über Twitter, (...) einfach auch Dinge wieder zu retweeten. Ich glaube, dass das hilft, vielleicht noch ein bisschen Hintergrund-Informationen zugeben. E2 Z. 220 bis Z. 225	Die Content-Strategie wird hauptsächlich auf Twitter verwirklicht, dabei ist es wichtig, Bewegt-Bilder und Fotos zu posten. Reiner Text ist weniger beliebt und die Möglichkeit des Retweets ist auch essentiell.	Bewegt-Bilder und Fotos sind auf Twitter erfolgreicher als Text und Retweets erleichtern die Arbeit.	Für den Aufbau eines Personal Brands werden eine Strategie und Tools benötigt.
Buffer Account, den ich eine Zeit lang genutzt hab, ich benutze mittlerweile chartsinsocial, was ein Premium Tool ist, mit denen haben wir eine Partnerschaft. Das ist ein unglaublich leistungsstarkes Tool, das auch preislich im absoluten Top-Segment ist, insofern, ich glaub für Unternehmen macht das Sinn, wenn die CEO, CFOs, HR und so weiter die Leute pushen wollen. E2 Z. 293 bis Z. 298	Buffer und ChartsinSocial sind Tools, die zur Verwaltung genutzt werden können. ChartsinSocial ist sehr leistungsstark und macht nur für Unternehmen Sinn.	Zum Aufbau eines Personal Brands helfen Tools wie Buffer und ChartsinSocial	Für den Aufbau eines Personal Brands werden eine Strategie und Tools benötigt.

Originaltext	Paraphrasierung	Generalisierung	Reduktion/ Kategorien
„Eine Viertelstunde, wenn es hoch kommt. Und das Profilfoto hinzugefügt hast und so weiter. Die Pflege würde ich dann sagen, ab und zu ein neues Bild hochladen, ab und zu einen Post machen. Der Aufbau so eine Viertelstunde pro Kanal. Die Website war natürlich ein bisschen mehr. Ähm, vielleicht alles in allem drei Tage." E2 Z. 396 bis Z. 400	Die Erstellung der sozialen Kanäle kann in einer Viertelstunde geschehen. Die Websiteerstellung dauert länger und gesamt kann mit einer Zeit von drei Tagen gerechnet werden.	Die Erstellung der digitalen Kanäle eines Personal Brands benötigt einen Aufwand von ca. drei Tagen.	Die Bildung eines Personal Brands benötigt hohe zeitliche und finanzielle Aufwände, um Erfolge zu erreichen.
„Ach wenn du die Website mit reinnimmst, wenn du den Fotograf dazunimmst, wenn du alles zusammennimmst, wahrscheinlich zwischen 5.000 und 10.000 Euro. Grob die Preisklasse." E2 Z. 414 bis Z. 416	Website, Fotos und viele andere Dinge kosten ein Personal Brand um die 5.000 bis 10.000 Euro.	Die Erstellung der kompletten digitalen Kanäle mit professionellen Settings kostet fünftausend bis zehntausend Euro.	Die Bildung eines Personal Brands benötigt hohe zeitliche und finanzielle Aufwände, um Erfolge zu erreichen.

Originaltext	Paraphrasierung	Generalisierung	Reduktion/ Kategorien
„Personal Branding ist für mich die Darstellung deines Wissens, deines Know-how, in einer authentischen Form, was man im Außenverhältnis, in der analogen Welt schon immer gemacht hat und was jetzt halt eine digitale Persona übertragen muss." E3 Z.7 bis Z.10	Personal Branding wurde in der analogen Welt bereits gemacht und nun überträgt man sein Know-how in einer authentischen Form in die digitale Welt.	Personal Branding ist die Darstellung des Knowhow in einer authentischen Form in der digitalen Welt.	Personal Branding dreht sich um die professionelle Abbildung einer Person.
„Personal Branding betreibst du ab Tag eins, eigentlich, äh, in der Schulzeit und das zieht sich dann durch. Deswegen die Frage, auf welchem Niveau du das machst, aber ich würde mal sagen Personal Branding. Ich betreibe es aktiv schon sehr lange in der Berufswelt." E3 Z. 20 bis Z. 23	Personal Branding betreibt man schon sehr früh, ab Tag eins und es wird dann aktiver, wenn man in die Berufswelt eintaucht.	Personal Branding wird ab Tag eins betrieben, professionell wird es erst in der Berufswelt.	Personal Branding dreht sich um die professionelle Abbildung einer Person.

Originaltext	Paraphrasierung	Generalisierung	Reduktion/ Kategorien
„Ja die Wichtigkeit der Loyalität ist hoch. (…) Dann nimmt der Mitarbeiter oder die Mitarbeiterin natürlich auch sehr viel mit, wenn sie das Unternehmen verlassen, d. h., ich muss mich schon sehr darum bemühen, dass diese Person sich wohl fühlt und auch langfristig bleibt. Ich glaube, auch das hat was damit zu tun, dass du den Personen Freiräume gibst." E3 Z. 67 bis Z. 73	Loyalität ist im Personal Branding sehr wichtig, da die Mitarbeiter viel mitnehmen, wenn sie das Unternehmen verlassen. Freiräume ergeben ein gutes Gefühl bei dem Personal Brand und sorgen dafür, dass der Mitarbeiter länger im Unternehmen bleibt.	Loyalität ist sehr wichtig im Personal Branding und diese wird durch Freiräume erzeugt.	Personal Branding muss von Unternehmen ermöglicht werden.
„… wenn man ein Personal Brand aufbaut, auch mit offenen Bildern zu arbeiten, mit sympathischeren Bildern, mit Bildern, die Personen nicht abschrecken." E3 Z. 85 bis Z. 87	Ein Personal Brand braucht offene sympathische Bilder, die Personen nicht abschrecken.	Beim Personal Branding ist es wichtig, auf offene, sympathische Bilder zu bauen.	Personal Branding dreht sich um die professionelle Abbildung einer Person.

Originaltext	Paraphrasierung	Generalisierung	Reduktion/ Kategorien
„Also letztendlich ist es viel wichtiger, wenn du ein einfaches Profil hast, eine einfache URL, dass die Suchmaschinen dich einfach besser indexieren können." E3 Z. 95 bis Z. 97	Für Suchmaschinen ist es wichtig, dass man eine einfach URL hat, damit diese einen besser indexieren können.	Die richtige URL ist wichtig für die Erstellung des Brands und hat SEO-Faktoren.	Personal Branding dreht sich um die professionelle Abbildung einer Person.
„Meine Content-Strategie schließt alles mit ein, was ich auf der Arbeit und im digitalen Bereich können und wissen muss. Das orientiert sich sehr stark an meinem Leistungsspektrum, was ich als Berater anbiete." E3 Z. 103 bis Z. 106	Die Content-Strategie schließt die digitalen Fähigkeiten der Arbeit ein. Sie orientiert sich am Leistungsspektrum des Beraters.	Die Content-Strategie wird vom digitalen Wissen des Beraters bestimmt und orientiert sich am Leistungsspektrum.	Für den Aufbau eines Personal Brands werden eine Strategie und Tools benötigt.
„Das heißt, ich hab einfach eine sehr klare Routine, wie ich mir Informationen schnell beschaffen kann. Auf einer Dauerbasis. Ich brauch dafür nicht sehr viel Zeit am Tag, kann dann aber die Informationen sehr schnell ummünzen und nehme eben die Essenz und versuche die in meinem Kontext in meine Kanäle zu bringen." E3 Z. 123 bis Z. 127	Mit einer klaren Routine kommt man schnell an die relevanten Informationen und kann diese sinnvoll in die Kanäle bringen. Wichtig ist es, die Essenz rauszufiltern.	Die Content-Verteilung bedarf einer klaren Routine, um diese Informationen schnell in die Netzwerke auszuspielen.	Für den Aufbau eines Personal Brands werden eine Strategie und Tools benötigt.

Originaltext	Paraphrasierung	Generalisierung	Reduktion/ Kategorien
„Ich nutze Digitale Tools wie z. B. Buffer, um eben eigene zeitnahe Pläne zu haben, das hilft dir auch Zeitzonen zu überbrücken. Wenn deine Audience sehr stark verteilt ist weltweit in den USA, in Asien, in Europa. Dann kann man eben darüber sehr gut die zeitliche Ausspielung steuern. Ansonsten so die Standardtools. Natürlich auch die Plattformen selbst." E3 Z. 130 bis Z. 134	Digitale Tools wie Buffer helfen Zeitzonen zu überbrücken. Wenn die Follower weltweit verteilt sind, kann man über Buffer sehr gut zeitlich die Posts ausspielen. Die Plattformen selbst bieten weiterhin einige Services an.	Tools wie Buffer oder netzwerkeigene Tools helfen dabei, zeitlich weltweit Follower anzusprechen.	Für den Aufbau eines Personal Brands werden eine Strategie und Tools benötigt.
„… man versucht den Erfolg so zu messen, das man a) von der relevanten Zielgruppe, die man eben als Zielgruppe ausgemacht hat, wahrgenommen wird, das heißt, interagiert die Zielgruppe mit meinen Inhalten. Und zum zweiten natürlich gibt es Business-Anbahnungen oder Geschäftsanbahnungen, die aus dieser Art von Kommunikation entstehen." E3 Z. 140 bis Z. 145	Der Erfolg bemisst sich nach der Wahrnehmung durch die relevante Zielgruppe und durch Geschäftsanbahnungen, die durch die Kommunikation entstehen.	Erfolg im Personal Brand misst sich nach der Wahrnehmung durch die Zielgruppe und Geschäfte, die entstehen.	Die Bildung eines Personal Brands benötigt hohe zeitliche und finanzielle Aufwände, um Erfolge zu erreichen.

Originaltext	**Paraphrasierung**	**Generalisierung**	**Reduktion/ Kategorien**
„Eigentlich nur LinkedIn und Twitter" E3 Z. 155	Wichtig sind LinkedIn und Twitter.	Die wichtigsten Personal-Branding-Kanäle sind Twitter und LinkedIn.	Personal Branding benötigt digitale Kanäle.
„Ganz einfach, indem ich mich darum bemühe, dort zu sein, aktiv zu sein, den Leuten auch zu zeigen, dass ich ihre Inhalte wertschätze und Dialoge führe und eben auch Lob verteilen für andere. Und natürlich auch den richtigen Leuten selbst folgen, das ist eine der wichtigsten Regeln, dass man eben auch gesehen wird." E3 Z. 177 bis Z. 181	Follower generiert man, indem man aktiv ist und den Followern zeigt, dass man deren Inhalte wertschätzt, Dialoge führt und den richtigen Leuten selbst folgt. Das Folgen von richtigen Leuten ist sehr wichtig für die Generierung von Aufmerksamkeit.	Ein Personal Brand muss aktiv in den Medien sein, den richtigen Leuten folgen und deren Inhalte wertschätzen.	Für den Aufbau eines Personal Brands werden eine Strategie und Tools benötigt.
„Wenn du es selber machst, dann sind es meistens Aufwendungen mit, wenn du das Know-how hast, die liegen im paar Hundert-Euro-Bereich für Tools." E3 Z. 204 bis Z. 206	Aufwendungen für die eigene Erstellung eines Personal Brands liegen im Hundert-Euro-Bereich für Tools.	Die Kosten für die eigene Erstellung eines Personal Brands liegen im Hundert-Euro-Bereich.	Die Bildung eines Personal Brands benötigt hohe zeitliche und finanzielle Aufwände, um Erfolge zu erreichen.

Originaltext	Paraphrasierung	Generalisierung	Reduktion/ Kategorien
„… wenn wir das für Klienten machen, brauchen wir ungefähr zwei Tage." E3 Z. 190 bis Z. 191	Der Aufbau im Auftrag von Klienten dauert ungefähr zwei Tage.	Der Aufbau eines Brands dauert zwei Tage.	Die Bildung eines Personal Brands benötigt hohe zeitliche und finanzielle Aufwände, um Erfolge zu erreichen.
„Ich würde mal sagen, das sind so 15 Minuten am Tag." E3 Z. 195	Der Pflegeaufwand beträgt 15 Minuten am Tag.	Der Pflegeaufwand eines Brands beträgt 15 Minuten am Tag.	Die Bildung eines Personal Brands benötigt hohe zeitliche und finanzielle Aufwände, um Erfolge zu erreichen.
„Wenn du es professionell machen lässt, dann reden wir von einem Aufwand von 5.000 bis 10.000 Euro, die du aufbringen musst, um eine saubere Personal Brand zu haben" E3 Z. 201 bis Z. 202	Die Bildung eines professionellen Personal Brands kostet um die 5.000 bis 10.000 Euro.	Der finanzielle Aufwand eines Brands beträgt 5.000 bis 10.000 Euro.	Die Bildung eines Personal Brands benötigt hohe zeitliche und finanzielle Aufwände, um Erfolge zu erreichen.
„Fachliches und persönliches Know-how über ein Themengebiet. Sicherlich auch das gewisse Netzwerk, was dazu gehört. Und letztlich die Kompetenz, diese Themen zu vermitteln." E4 Z. 37 bis Z. 39	Experten brauchen fachliches und persönliches Know-how und das gewisse Netzwerk. Diese müssen die Kompetenz haben, die Themen zu vermitteln.	Experten, die sich als Personal Brand positionieren, müssen Know-how besitzen, dieses vermitteln können und Netzwerke verstehen.	Personal Branding dreht sich um die professionelle Abbildung einer Person.

Originaltext	**Paraphrasierung**	**Generalisierung**	**Reduktion/ Kategorien**
„Also loyal ist ja nicht immer unbedingt langfristig. Loyalität kann ja auch in einer kurzen Frist sehr gut sein. (...) Das heißt, die Loyalität ist extrem wichtig, aber sie muss nicht langfristig sein." E4 Z. 45 bis Z.49	Loyalität ist nicht immer langfristig, aber extrem wichtig für Unternehmen im Umgang mit einem Personal Brand.	Loyalität ist sehr wichtig für Personal Brands im Unternehmenskontext.	Personal Branding muss von Unternehmen ermöglicht werden.
„Wobei professionell heißt nicht, dass sie unbedingt vom Profi sein müssen. Sondern professionell heißt für mich auch, dass es ein gutes Amateur-Bild sein kann, was meinen eigenen Charakter vermittelt, meine eigene Botschaft wiedergibt." E4 Z. 52 bis Z.55	Bilder müssen nicht vom Profi sein, jedoch muss das Bild den eigenen Charakter vermitteln und die eigene Botschaft wiedergeben.	Bilder eines Personal Brands müssen den Charakter und die Botschaft wiedergeben.	Personal Branding dreht sich um die professionelle Abbildung einer Person.
„Ich mach mir zunächst Notizen in meinem Mobil, wenn ich irgendwo bin. Also hier mit dem Texteditor. Übertrage das in meinen Blog." E4 Z. 77 bis Z.79	Die Content-Strategie kann stattfinden, indem man mobil Ideen sichert und das später in den Blog überträgt.	Personal Brands sollten Ideen mobil sichern und auf ihrem Blog später widerspiegeln.	Für den Aufbau eines Personal Brands werden eine Strategie und Tools benötigt.

Originaltext	Paraphrasierung	Generalisierung	Reduktion/ Kategorien
„Also ich messe den Erfolg bei den Likes oder wie bekannt auf Social Media, zum Zweiten messe ich ihn durch Google Analytics auf meinen Blogs." E4 Z. 96 bis Z. 98	Die Messung des Erfolges kann durch Likes in den SocialMedia und Google Analytics auf dem Blog geschehen.	Die Messung auf den Netzwerken erfolgt über die Like-Anzahl und die des Blogs über Google Analytics.	Die Bildung eines Personal Brands benötigt hohe zeitliche und finanzielle Aufwände, um Erfolge zu erreichen.
„Yoast für SEO, Analytics für Datenanalyse, Twitter-analytics für Tweets und ich hab noch Tweetsmap." E4 Z. 102 bis Z. 103	Tools für den Umgang mit digitalen Medien sind Yoast für SEO, Anayltics der Netzwerke und Tweetsmap.	Tools für Personal Branding Teilnehmer sind Analytics und Tweetsmap, sowie SEO Yoast.	Für den Aufbau eines Personal Brands werden eine Strategie und Tools benötigt.
„Also es ist ein Kommunikations-tool, (...) es ist fast schon eine Art Creditbility, wenn man in der digitalen Welt unterwegs ist, gehört es dazu." E4 Z. 127 bis Z. 129	Der Blog ist ein Kommunikations-tool und eine Art Creditbility. Der Blog ist ein wichtiger Bestandteil.	Der Blog ist der Ursprung für Personal Brands und ein wichtiges Kommunikations-tool.	Personal Branding benötigt digitale Kanäle.
„Also bei Michael Brecht.com, also dem Digitalthema, bin ich bestimmt vier bis fünf Stunden in der Woche unterwegs, aber nicht an einem Stück, sondern verteilt." E4 Z. 151 bis Z. 153	Bei dem Digital Personal Brand investiert man vier bis fünf Stunden pro Woche in die Pflege.	Personal Branding benötigt einen Aufwand von vier bis fünf Stunden pro Woche.	Die Bildung eines Personal Brands benötigt hohe zeitliche und finanzielle Aufwände, um Erfolge zu erreichen.

TEIL 2 – Co-Autorenbeiträge

10 Vom Social Media Muffel zum Social Media Star Mein Weg zur digitalen Marke

Marc Wagner, Detecon International

Marc Wagner ist Mitglied des Management Board der Detecon. Er verantwortet die Practice Company ReBuilding und begleitet Unternehmen bei der Digitalen Transformation rund um die Themen digitale Ökosysteme, Innovation und zukunftsfähige Arbeitsorganisationen und ist zudem für den Themenkomplex „Social Communication" verantwortlich. Er war zuvor in unterschiedlichen Leitungsfunktionen u. a. für die Themen Restrukturierung, Financial Management, CHRO Advisory und Peoplemanagement verantwortlich und startete seine berufliche Laufbahn als Gründer eines IT-Start-Ups. Marc Wagner ist gefragter Speaker zu den Themen New Work und Company Rebuilding sowie Herausgeber diverser Studien und Publikationen rund um New Work und Innovationskultur sowie Mitautor des Buches „New Work – auf dem Weg zur neuen Arbeitswelt".

Wie alles begann

Es ist nicht mehr und nicht weniger als zwei Jahre her, da sah ich noch keinerlei Notwendigkeit, die sozialen Medien in meinen Arbeitsalltag zu integrieren. Okay, da waren

- ein relativ gut (allerdings passiv) gepflegter Linkedin-Account mit etwa 900 Business-Kontakten
- ein vernachlässigter XING-Account
- ein ungenutzter Twitter-Account
- ein inaktiver Facebook-Account

Instagram war mir genauso wenig bekannt wie die Wirkung von Bildern und Videos. Und der Umgang damit schon gar nicht. Content war für mich einfach nur Text. Nutzen und Wirkung von Hashtags oder @-Mentions? No Clue! Eine typische Ausgangssituation also für einen Repräsentanten der Business-Welt: Keine Social-Media- oder Content-Strategie, keine aktive Nutzung und somit auch wenig Interaktion und Resonanz, abgesehen von gelegentlichen Headhunter-Anfragen. Und damit ging es mir durchaus nicht schlecht.

How to be a bit like John?

Aber wie das eben so ist mit der Komfortzone: Man sollte diese dann und wann verlassen. Und so meldete ich mich freiwillig, als wir bei Detecon ein Programm zur „Selbst-Digitalisierung" unserer Mitarbeiterinnen und Mitarbeiter auflegten. Wir als Partner und Senior-Berater bekamen die freundliche Einladung, an „Social Fit Workshops" teilzunehmen oder Teil eines Reverse Mentoring-Programms zu werden. Gut, dass ich einige Monate vorher John Legere, den CEO der Telekom-Tochter T-Mobile US, entdeckt hatte. Ein Paradebeispiel für einen Top-Manager, der sich die digitalen Medien zunutze macht und damit nicht nur sich selbst, sondern auch ein mehr oder weniger orientierungsloses Unternehmen mit fallenden Margen zum absoluten Superstar gemacht hat. Und die sozialen Medien spielen hier eine ganz entscheidende Rolle. John Legere nutzt alle Kanäle (Twitter, Facebook, Youtube …) konsequent, hat sich ein klares Profil aufgebaut, das konsequent durch Offline-Formate und einen intelligenten Mix aus privaten und Business-Themen bedient wird. Er und die weiteren T-Mobile-Manager und -Mitarbeiter spielen sich geschickt die Bälle zu (retweeten, kommentieren …) und sorgen damit für eine enorme Reichweite. John Legere und sein Twitter-Emoticon begannen mich zu beeindrucken und ich fragte mich, wie ein solcher Weg vom Underdog zum Shootingstar wohl funktionieren könnte. 5,5 Mio. Follower auf Twitter, 45 Tausend auf Instagram, Engagement (Likes, Shares, Comments) ohne Ende – der Wahnsinn! Klar, da musste ein professionelles Team am Werk sein. Aber sei's drum: T-Mobile hatte die Bedeutung des Themas erkannt. Und: John Legere verzichtet komplett darauf, eine Ansammlung von Business-Buzzwords zu posten. Er erzählt Geschichten!

Aller Anfang ist schwer

Ich gebe zu, die strukturierte Auseinandersetzung mit dem Thema Social Media ist mir anfangs schwergefallen. Auch habe ich schnell begriffen, dass das kein Projekt mit Anfang und Ende war. Hier waren nachhaltiges Management und regelmäßige Kommunikation gefragt. Eine erfolgreiche virtuelle Marke wird man nicht über Nacht. Und ohne täglichen Einsatz bleibt der Erfolg aus. Doch keine Angst – mehr als 30 Minuten pro Tag müssen Sie nicht opfern.

Mit Hilfe eines der zahlreichen Social-Media-Buddies, die uns Detecon zur Verfügung stellte, machte ich mich also auf den Weg in die unbekannte Zukunft. Und der junge Kollege verstand es sehr gut, mir den Mund wässrig zu machen („unglaubliche Business-Opportunitäten!“). Also gab ich mir einen Ruck und beschloss, eine digitale Marke zu werden. Rahmenbedingungen: nicht mehr als 30 Minuten pro Tag Zeitinvest, keine Kosten (d. h. ausschließlich Nutzung kostenloser Tools) und regelmäßige Reviews, um zu sehen, ob sich das Ganze wirklich gelohnt hat.

Um das schon mal vorwegzunehmen: Es hat sich gelohnt!!

Ziele: Wer bin ich und wem will ich etwas erzählen?

Fragen über Fragen. Mittels eines Social Media Readiness Canvas führte mein Coach mich im ersten Schritt durch einen Fragenkatalog, der sich als äußerst sinnvoll erwies. Half er mir doch dabei, allzu viele Umwege zu vermeiden und mit den passenden Inhalten straight away auf meine Zielgruppe zuzusteuern. Diese Hausaufgaben machen Sie nur ein Mal und sie sind in wenigen Stunden erledigt. Hier ein kurzer Überblick über die vermutlich wesentlichsten Fragestellungen:

- Welche Ziele verfolge ich? (Bsp. Meinungsführerschaft für ein Thema aufbauen, Meinungsmacher werden, neue Kunden identifizieren, die e-Reputation meines Unternehmens verbessern, …)
- Wer ist meine Zielgruppe? Wie und wo (also auf welchen Kanälen) erreiche ich diese?

- Welche Kanäle will ich bedienen? (Achtung: weniger ist mehr! Starten Sie mit einem bis zwei Kanälen und schauen Sie sich erst mal um. Ich bin anfangs direkt in die Vollen gegangen und das hat mich den einen oder andere Sonntag gekostet.)
- Welche Inhalte will ich teilen? Welche habe ich bereits, welche will ich künftig produzieren?
- Welche Skills benötige ich? Welche Tools erleichtern mir das Leben?
- Was will ich preisgeben? Nun ja – möglichst wenig Persönliches (bzw. nur gezielt, um ein bestimmtes Image zu unterstützen).

So weit, so gut. Jetzt war also klar, was ich mit all dem ‚Kokolores' eigentlich erreichen wollte.

Profile: Gestalte deine Markenpersönlichkeit!

Nun ging's in die Profil-Checks. Mein Coach nahm mich richtig ran und schnell war klar: so wird das nichts! Bis dato waren die Informationen kryptisch, inkonsistent zwischen den Profilen und auch das Foto gab nicht wirklich was her. Also an die Arbeit! Bei Twitter achtete ich insbesondere darauf, dass alle erforderlichen Schlagworte im Profil zu finden waren, für die ich gefunden werden will. Alle Profile erhielten ein neues Foto und ich investierte viel Zeit, auf Linkedin & XING alle beruflichen Stationen, Skills, Publikationen etc. ausführlich zu erwähnen. Eine wichtige Voraussetzung dafür, dass später z. B. Beiträge von Redaktionsseite promotet werden. Profilerstellung bzw. Aktualisierung dauerten circa zwei bis drei Stunden für alle Accounts (Twitter, Facebook, LinkedIn, XING).

Check! Nun sollte es also endlich losgehen. Von wegen ... Mein Buddy hob erneut den Zeigefinger und fragte mich, was ich denn mit dieser bescheidenen Anzahl an Followern und Freunden erreichen wollte?

Twitter: Followership erzeugen ...

Gerade bei Twitter – so meine Erfahrung – ist es wichtig, sich durch (kostenlose) Tools unterstützen zu lassen, um zügig eine respektable Followerschaft zu erlangen. Welche man konkret wählt, ist hier eher Geschmackssache. Mein aktueller Favorit ist **Crowdfire** (Management Follower, in Kombination mit **Rightrelevance** einfaches Finden von relevantem Content sowie von attraktiven Influencern). Über Crowdfire können bereits in der Kostenlosversion Follower gemanagt werden. Crowdfire zeigt Non-Follower an (d. h., denen ihr folgt, die euch aber nicht zurückfolgen) – in der kostenlosen Version können jeweils zehn dieser Non-Follower pro Tag entfolgt werden. Hört sich schräg an? Ist aber Kern des Follower-Managements von Twitter – konsequentes Folgen und Entfolgen. Zumindest in den ersten Monaten, danach läuft's dann wie von selbst. Um die Followerzahl zu steigern, habe ich z. B. nach Influencern für meine Themen auf Twitter gesucht (einfach: #Thema auf Twitter eingeben oder über das Tool Rightrelevance Influencer direkt aussuchen). Hatte ich diese identifiziert, habe ich in den Followern nachgeschaut, wer hier konkret folgt und bin diesen dann gefolgt, wenn in der letzten Zeit noch ausreichend Aktivitäten erfolgt sind (es gibt eine ganze Menge an Leichen). Dies habe ich am ersten Tag für ca. 200 Personen getan. An den Folgetagen habe ich dann wieder jeweils ca. 100

Personen hinzugefügt. Parallel habe ich dann jeweils täglich via Crowdfire meinen Non-Followern die Folgschaft entzogen. Durch diese Taktik habe ich meine Followeranzahl von ursprünglichen 95 auf mehr als 2.700 in drei Monaten steigern können – und dies ohne Followerkauf (wovon absolut abgeraten wird). Wichtig ist noch darauf zu achten, dass die Followeranzahl möglichst größer als die Zahl der von mir „Gefolgten" ist – dies ist wichtig u. a. für die Relevanzquote von Twitter. Nach gerade einmal einem Monat kam dann auch die erste Vortragsanfrage über einen Twitterpost – hat sich also gelohnt.

Bei LinkedIn oder Facebook sind mir keine Tools zur (semi-)automatischen Follower-generierung bekannt. Aber auch hier habe ich anfangs Zeit investiert, relevante Personen zu identifizieren (Suche über Hashtags, Unternehmenszugehörigkeit, Follower von Followern, ...) und mein Netzwerk sukzessive zu vergrößert.

Content is King

Jetzt ging's endlich ans Publishen: Schon während des Netzwerkaufbaus habe ich dafür gesorgt, dass ich mindestens einmal pro Tag einen Beitrag erzeugt habe. Dies könnt ihr über Rightrelevance fast automatisch erledigen. Nachdem ihr eingangs eure Interessenschwerpunkte definiert habt, liefert Rightrelevance regelmäßig Beiträge, die ihr kommentieren und teilen könnt. Eine wichtige Erkenntnis, denn man muss nicht laufend selbst Content generieren. Teilen bringt Reichweite, da der Verfasser des geteilten Contents natürlich auf euch aufmerksam wird und euch durch Likes in seine Community einführt.

Und schließlich habe ich angefangen, eigene Beiträge zu schreiben und dabei gemerkt, dass ich mehr zu sagen hatte als erwartet. Bei den Beiträgen habe ich gelernt darauf zu achten, dass über Hashtags (#) die Themen definiert sind, über die man den Beitrag finden soll und durch ein (@) auf Personen oder Institutionen verwiesen wird, die einen Bezug zum Beitrag haben. Hört sich kompliziert an – ist es (am Ende) aber gar nicht. Und es dient der Reichweite.

LinkedIn: Artikel sind der Schlüssel

Ich hätte nie gedacht, welche Wirkung Beiträge auf LinkedIn haben (im Unterschied zum Update). Meine ersten Artikel hatten nur wenige Ansichten, Likes und Kommentare – mit weniger als 200 Ansichten eher unterdurchschnittlich. Doch je provokativer die Überschriften, je pointierter und knackiger die Inhalte und Fotos wurden, desto stärker war die Resonanz. Ganz entscheidend ist hierbei, dass die Artikel von LinkedIn in die ‚Pulse-Nachrichten' aufgenommen und möglichst in einer der Kategorien gefeatured werden – was mir heute nahezu immer gelingt und dazu führt, dass meine Artikel auch Menschen außerhalb meiner Community erreichen. Damit waren zuletzt Beiträge mit mehr als 20.000 Ansichten und einer Vielzahl an Kommentaren möglich – was letztlich nicht nur die Reichweite erhöht hat, sondern insbesondere auch Impulse für die Weiterentwicklung der entsprechenden Ansätze geliefert hat.

Der Hammer, dass man ohne aufwändigen Redaktions- und Publikationsprozess ‚Autor' werden kann. Und die Reichweite von LinkedIn ist sehr gut – viel besser als viele der privaten Blogs, die mittlerweile inflationär aus dem Boden sprießen. Noch eine Empfehlung: natürlich erreicht man über englische Texte eine breitere Masse – allerdings ist auch die

Anzahl der Beiträge exorbitant höher. Von daher hatte zumindest ich bessere Erfahrungen (bzw. Resonanz) mit deutsch-sprachigen Beiträgen. Und auch die Uhrzeit der Veröffentlichung ist wichtig: beste Erfahrungen habe ich zwischen 6:30 und 7:30 Uhr gemacht – da sind viele Pendler unterwegs. Zudem habe ich bei LinkedIn konsequent bekannte Kontakte und interessante Gesprächspartner kontaktiert – dadurch hat sich die Anzahl der Follower mittlerweile auf mehr als 8.000 erhöht.

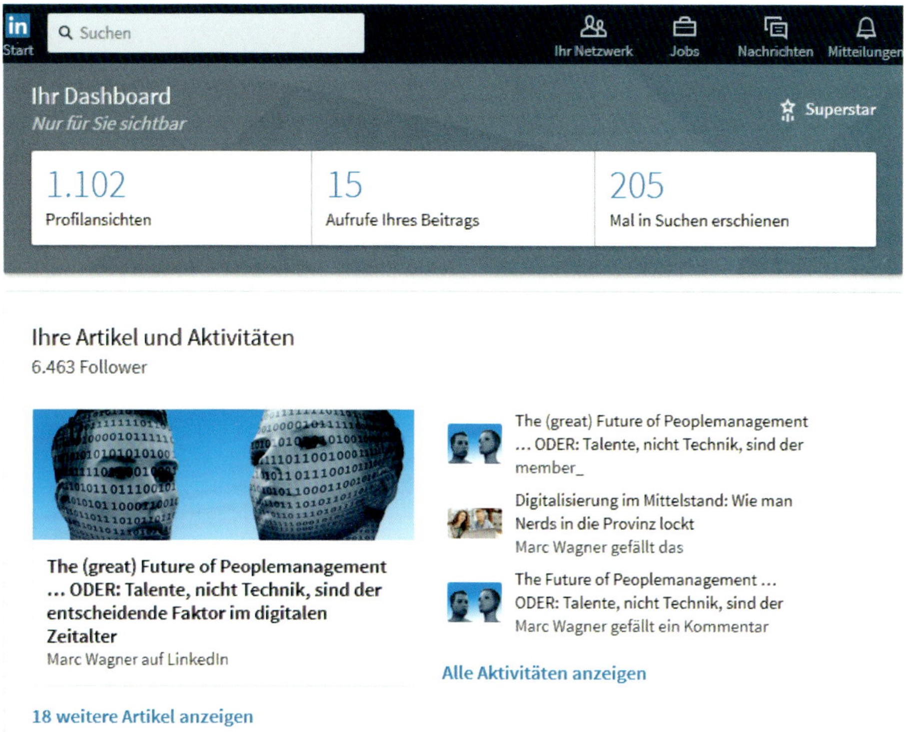

Abb. 14: Artikel publizieren auf LinkedIn

Tools, Tools, Tools

Es gibt hilfreiche Tools wie Sand am Meer. Für mich hat sich folgende Kombination bewährt:

- Ein Tool für das Managen von Followern (Twitter): **Crowdfire** (oben beschrieben)
- Eines für Finden und Erzeugen von relevantem Content: **Rightrelevance** (s. oben)
- Ein Publishing-Tool, mit dem ich meine Beiträge erstellen, verwalten und zeitlich verzögert in den einzelnen Kanälen posten kann: **Hootsuite**
- Bis Ende Mai 2018 nutzte ich die Planungsfunktion der Plattform Klout.com, die zeitgleich zum Inkrafttreten der DSGVO leider eingestellt wurde. Dennoch ein paar wertvolle Aspekte: Klout war für mich ein sehr spannendes Tool, da sich darüber der sog. Klout-Score ermitteln ließ – meine Relevanz/Bekanntheit in den Sozialen Medien. Laut Expertenmeinung sollte man einen Klout Score von mindestens 50 (auf einer Skala von 1 bis 100) haben, um wirklich im Internet als relevant angesehen zu werden.

Nun ja … Das Gute an Klout war zudem, dass sich darüber ebenfalls Beiträge planen ließen und (zumindest für meine Zwecke) sehr passende Beiträge ausgesucht wurden. Ähnlich wie Rightrelevance wurden auch Veröffentlichungszeitpunkte vorgeschlagen. Social-Media-Tool-Anbieter Lithium, der Klout 2014 gekauft hatte, arbeitet laut Aussage von CEO Pete Hess an einer neuen Social-Impact-Methodik für Twitter (Quelle: t3n.de, Abruf 11.5.2018).

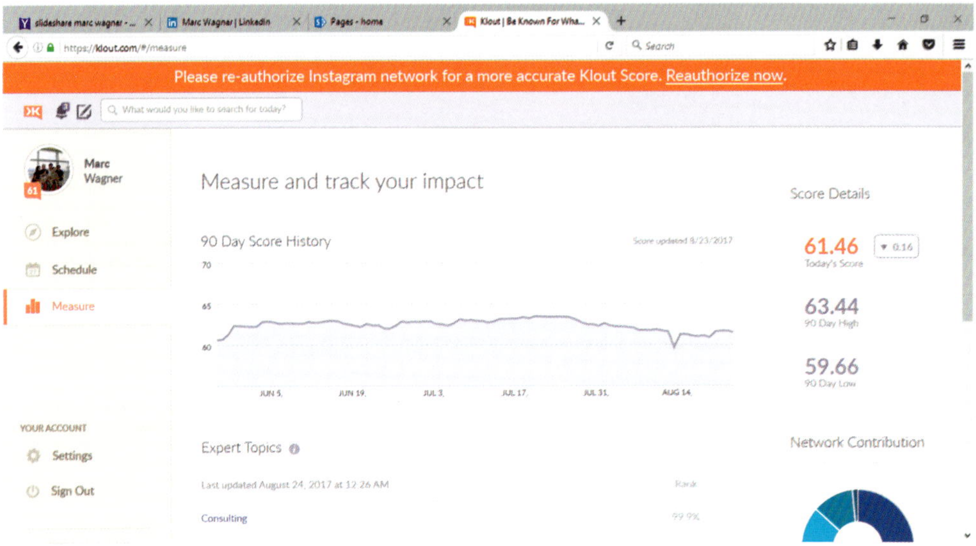

Abb. 15: Erfolgsmessung mit Klout Score

Ich plane meine Beiträge so, dass ich die Woche über mindestens einen Beitrag pro Tag (i.d.R. früh morgens oder abends) in der ‚Warteschlange' habe. Ergänzt wird das Ganze dann über Rightrelevance-Beiträge – sehr gute Vorschläge, die sich an den von mir ausgewählten Themen orientieren. Das Tolle an Rightrelevance ist zudem, dass ich mir je Thema Influencer, meine eigene Bedeutung etc. anzeigen lassen kann. Die Analytikfunktionen des Tools sind so gewaltig, dass eine Beschreibung hier den Rahmen sprengen würde.

Konsequent ‚offline' Inhalte erzeugen

Um inhaltlich ein rundes Profil zu erhalten, ist es wichtig, dass ihr persönliche Inhalte ergänzt. Ich nutze z.B. aktuell viele Veranstaltungen, persönliche Auftritte, Interviews und sonstige ‚analoge' Events dazu, um Content zu erzeugen. Dies ist dank Smart-Phone und eingebauter Kamera ja mittlerweile kein Problem mehr. Auch hier gilt lediglich: machen!

Analytik und Maß der Reputation

Ab und zu sollte man den Erfolg seiner Aktivitäten überprüfen. Nicht nur Rightrelevance bietet umfangreiche Analytik-Funktionen, sondern auch Twitter (über https://analytics.twitter.com/), LinkedIn über Analyse der Beiträge und Ansichten sowie Klout über den schon oben beschriebenen Klout Score. Und wer sein Vermarktungstalent unter LinkedIn messen möchte, der sollte mal seinen Social Selling Index (SSI) anschauen (https://bit.ly/29Rp1e1). Ist ebenfalls kostenlos und sehr aufschlussreich, wenn es um die Effizienz und Effektivität der LinkedIn-Aktivitäten geht.

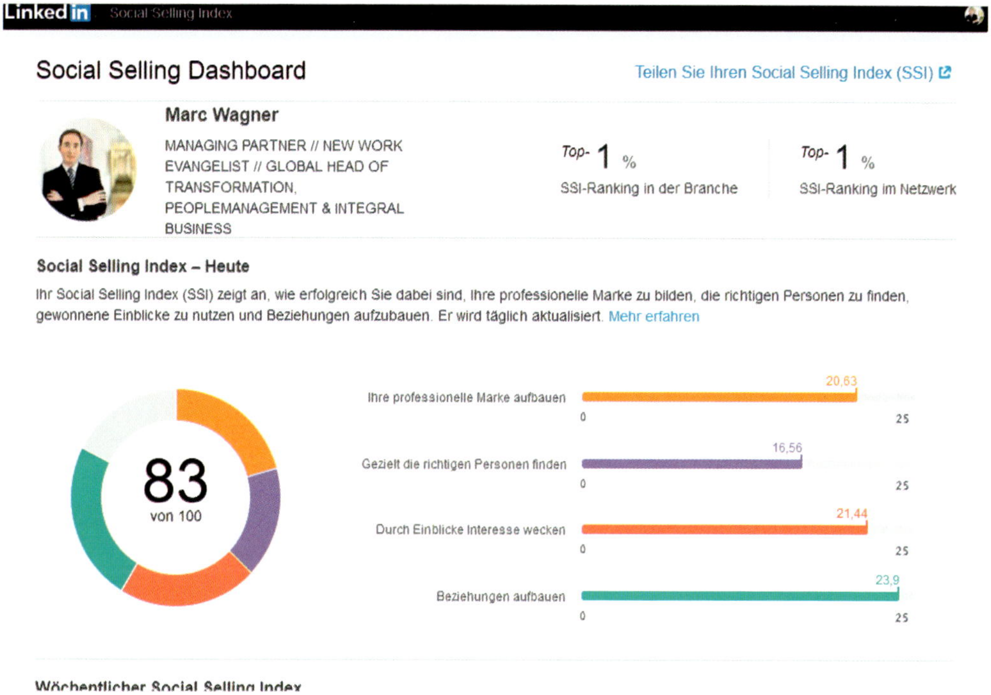

Abb. 16: Der Social Selling Index von LinkedIn

Ein kurzes Resumee: Es lohnt sich …

… und mehr noch: die Effekte übertrafen meine Erwartungen! Bereits nach wenigen Monaten erreichten mich erste Angebote für Vortrags-Slots auf attraktiven Konferenzen und Veranstaltungen. Ich wurde in mehrere Autorenpools renommierter Autoren-Netzwerke aufgenommen (Computerwoche, t3n, XING Business Insider, …), bekam regelmäßig Artikelanfragen. Mein Netzwerk ist enorm gewachsen und ich gelte heute als Experte im Netz für die von mir repräsentierten Themen. Auch erste konkrete Projekte und Aufträge stellten sich bald ein und die Sozialen Medien sind für mich mittlerweile einer der wertvollsten Vertriebskanäle.

Die Top 5-Erfolgsfaktoren

Wenn ihr mich fragt, was das Erfolgsgeheimnis eines erfolgreichen Personal Brands ist, dann fällt mir die Antwort leicht:

- **Ziele definieren:**

  Überleg dir genau, was und wen du wie und wo erreichen willst. Hier gilt: Fokus!

- **Einfach machen:**

  Spring über deinen Schatten. Wir haben alle mal angefangen – und Fehler gemacht.
- **Bleib am Ball:**

  Jeden Tag 15 Minuten sind gut investierte Zeit
- **Vernetze dich:**

  Ein belastbares Netzwerk ist das A und O und sorgt für die erforderliche Reichweite
- **Hör zu:**

  Man nennt das auch Social Listening. Beobachte, was deine Kontakte machen, womit sie sich beschäftigen und geh darauf ein.

Heute gehört Social Media zu meinem Alltag. Hier lese ich die Fachpresse, beobachte meine Wettbewerber, teile die Inhalte meines Arbeitgebers und probiere immer wieder neue Themen und Formen der Interaktion aus. Und vor allem: hier treffe ich immer mehr Kunden, die wir mittlerweile auch rund um die Themen Social Communication und Branding beraten und ihnen dabei helfen, zur erfolgreichen digitalen Marke zu werden.

Eine echte Erfolgsgeschichte. To be continued ...

11 Video im Personal Branding in 12 Schritten

Prof. Dr. Jürgen Seitz, Hochschule der Medien Stuttgart

Jürgen Seitz gilt als einer der führenden Digitalexperten in Deutschland. Er arbeitet mit Leidenschaft an digitalen, datengetriebenen Geschäftsmodellen und Marketingkonzepten. Als Geschäftsführer, Founding Partner und Beirat hat er geholfen, mehrere erfolgreiche digitale Unternehmen aufzubauen und zu skalieren. Er hat außerdem in unterschiedlichen Positionen für Unternehmen wie Microsoft, Web.de, GlaxoSmithKline und United Internet gearbeitet. An der Hochschule der Medien in Stuttgart unterrichtet und forscht Prof. Dr. Seitz zurzeit in den Bereichen digitales Marketing und digitale Geschäftsmodelle. Er engagiert sich für die Schulung von Non-Profit-Organisationen, um deren Nutzung der digitalen Kanäle für gute Zwecke zu unterstützen.

Alles, was Sie jetzt lesen, ist eigentlich sonnenklar. Da gibt es wenig zu diskutieren, keine bahnbrechenden neuen Erkenntnisse. Video dominiert zunehmend die Vermittlung von Inhalten im Internet. Egal ob Unterhaltungsformate, Reviews, Botschaften und Freunde. Die Newsfeeds sind voll von Videos. Das Mobiltelefon und die mittlerweile omnipräsenten Kopfhörer treiben die Videonutzung weiter. Dass Video damit auch im Personal Branding eine zentrale Rolle spielt, ist dabei nicht verwunderlich.

Spannend hingegen ist die Frage, wie Sie als Personal Brand von Video profitieren. Deshalb habe ich Ihnen in diesem Text einige Best Practices, Tipps und Tricks zusammengestellt:

1. Heute starten

Videos zu erstellen ist technisch einfach, stellt aber für viele eine emotionale Hürde dar. Der wichtigste Schritt ist daher, mit Entdeckergeist explorativ zu starten. Erfolgreiche Youtuber denken kaum noch darüber nach, ob sie gerade gut genug aussehen oder ob die Sätze perfekt sind. Kamerapräsenz hat im nicht fiktionalen Bereich weniger mit perfekter Ausübung, sondern vor allem mit der Lust aufs Entdecken zu tun.

2. Die Story entscheidet

Jedes gute Video hat eine Geschichte. Gute Filmemacher sammeln kontinuierlich Ideen für mögliche Videos. Dabei ist ihnen klar, dass jede gute Story einen Konflikt mit Spannungsbogen beinhaltet. Dieser Konflikt muss nicht in Form von Schauspielszenen stattfinden. Vielmehr reicht es häufig schon, über einen inneren Konflikt zu berichten.

3. B-Roll kontinuierlich aufnehmen

Erfolgreiche Video-Blogger sind sehr gut darin, recht banale Themen interessant zu machen. B-Roll-Aufnahmen, also Aufnahmen, die die Stimmung z. B. auf einer Reise wiedergeben, sind hier hochrelevant. Diese Elemente sollte man daher kontinuierlich aufnehmen. Das gilt übrigens nicht nur für Videoelemente, sondern auch für Sounds.

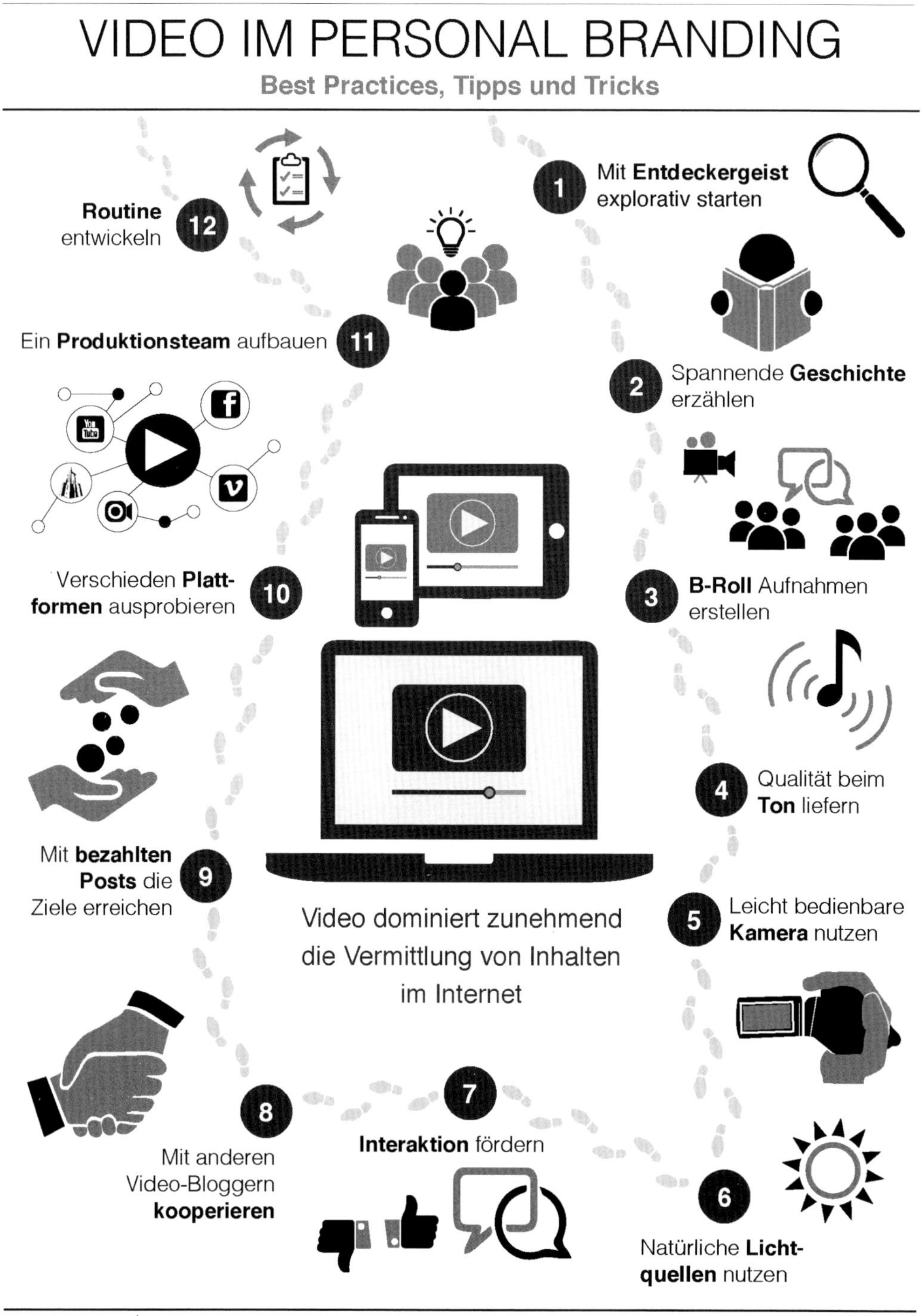

Abb. 17: Video im Personal Branding in 12 Schritten

4. Tonqualität ist die halbe Miete

Ja, man kann mit einem Smartphone gute Videos machen. Ja, Konsumenten brauchen im Internet keine Fernsehqualität. Aber: beim Ton hört der Spaß auf. Jeder erwartet guten Ton, niemand hört schlechtem Ton lange zu. Eine der besten Investitionen – noch vor einer guten Kamera – ist ein gutes Mikrofon mit langem Kabel oder Funk. Und für gute Qualität gilt, ran ans Objekt. Je näher, desto besser.

5. Die Lust auf Videoqualität kommt von alleine

Wer ernsthaft im Bereich Video erfolgreich sein möchte, der wird recht bald auch in Videoequipment investieren. Dabei gilt die Regel: Die beste Kamera ist die Kamera, die man dabeihat. Wählen Sie eine leicht bedienbare Kamera, und dann legen sie mit dem Experimentieren los. Der Spaß an der Qualität und die Lust auf weiteres Equipment kommen von alleine. Youtuber zeigen hier den Weg, sie haben über die letzten Jahre massiv aufgerüstet.

6. Das beste Licht: natürliches Licht

Videoprofis werden hier vielleicht die Stirn runzeln, denn sie kontrollieren das Licht gerne und schließen natürliche Lichtquellen häufig aus. Aber: ein Youtuber oder Video-Blogger tut gut daran, häufiger ans Fenster oder gar nach draußen zu gehen. Die Set-up-Zeit sinkt damit signifikant, und die Anzahl der Videos steigt dann automatisch.

7. Interaktion treibt (nicht nur) die Reichweite voran

Auch Video ist kein Einwegmedium. Videos, die Interaktion in Form von Kommentaren, Weiterleitungen, Likes oder Reviews hervorrufen, treiben nicht nur die Reichweite voran, sondern sorgen auch für ein höheres Involvement der Zuschauer. Eine treue Zahl an echten Fans gilt als Grundlage für kontinuierlichen Erfolg.

8. Zusammenarbeit mit anderen Video-Bloggern

Die Geheimwaffe für Reichweite im Videobereich? Auftritte bei anderen Video-Bloggern, öffentliche Diskussionen über Themen und dann vielleicht sogar gemeinsame Projekte. Youtuber sind Meister darin, sich gegenseitig die Bälle zuzuspielen und so gemeinsam zu wachsen. Plattformen wie Youtube, Facebook und LinkedIn belohnen diese Relevanz durch mehr Präsenz.

9. Paid Media als Treiber

Auch hier wird es kontrovers, aber die Zahlen sprechen für Paid Media. Wer eine Personal Brand mit Video aufbauen möchte, kann mit bezahlten Posts wahnsinnig viel erreichen. Schon mit kleinen Beträgen können durch Techniken wie Similar Audiences neue Zielgruppen erschlossen werden. Dabei finden die Anbieter mit ihren Daten und Algorithmen die Leute, die sich interessieren. Gerade für Unternehmen kann Werbung für Personal Brands viel effektiver sein als reine Markenwerbung.

Wichtig: Für bezahlte Kampagnen immer klare Ziele setzen.

10. Die richtige Plattform macht den Unterschied

Bei Video denkt jeder an Youtube, aber Youtube ist ein hartes Pflaster. Es lohnt sich für das Personal Branding, auch andere Plattformen zu bespielen. Facebook, LinkedIn & Co. bieten mittlerweile auch die Möglichkeit, nativ Videos hochzuladen. Dabei erreicht man nicht nur andere, neue Zielgruppen, sondern profitiert auch von geringerem Wettbewerb. Entstehende neue Plattformen können dabei der Turbo sein. Deutschlands erfolgreichste Video-Blogger sind z.B. bei Music.ly entstanden. Instagram-TV ist aktuell der aussichtsreichste Angreifer.

11. Ein guter Prozess und Mitarbeiter

Hinter vielen erfolgreichen Bloggern steht mindestens ein/e Kameramann/-frau und/oder Cutter/in. „Alles selbst machen" ist prima, um das Handwerk zu erlernen, aber wenn die eigene Marke Traction zeigt, kann es Sinn machen, die Videos z.B. von einem Dritten schneiden zu lassen. Dies steigert die Qualität und Geschwindigkeit und verschafft Freiraum für Qualität.

Auch bei den Prozessen gilt es regelmäßig zu überprüfen, was besser, einfacher und schneller gemacht werden kann.

12. Routine entwickeln

Ein Blick auf die frühen Phasen erfolgreicher Video-Blogger und Influencer zeigt: Routine ist Alles. Jeder tut sich zu Beginn schwer, in der notwendigen Frequenz gute Inhalte zu produzieren und zu publizieren. Routine – in allen notwendigen Schritten – ist hier der Schlüssel zum Erfolg. Übungen wie die häufig eingesetzten 10-Tage Posting Challenge sind hier gute Hilfsmittel.

12 Vom Blogger zu LinkedIn Voice of the Year 2017

Marvin Eichsteller, LinkedIn Voice of the Year 2017

Marvin Eichsteller ist ein sportaffiner Media-Projektmanager und Gründer von MJPE Design und dem eMobilitätblog.de. Sein Interesse gilt den neuesten Trends in der eMobilität und aktuellen Neuerungen im Bereich Web. Das Studium der Medienwirtschaft mit dem Schwerpunkt Management hat er im Februar 2017 äußerst erfolgreich abgeschlossen, seit März 2017 ist er als IT-Professional bei einem großen Discounter angestellt, bei dem er Themen im Bereich Web implementiert und als Projekt-Manager verantwortet. Als Blogger und Influencer im Bereich eMobilität ist er bestrebt, die gewaltigen Fortschritte mit Produkten der Elektrotechnologie verständlich zu kommunizieren und einer breiten Öffentlichkeit zugänglich zu machen. Durch seine konsequenten Publikationen wurde Marvin Eichsteller bekannt und avancierte zu den 25 erfolgreichsten LinkedIn-Autoren in D. A. CH als LinkedIn Top Voice of the Year 2017.

2013 zu Beginn meines Studiums hätte ich nie gedacht, dass ich einmal LinkedIn Top Voice 2017 werden könnte, zu Blogger-Events eingeladen werde und ich Tausende von Followern haben würde, die sich für mich interessieren und jeden meiner neuen Artikel verfolgen und kommentieren. Damals im Fach Deutsch, in meiner schulischen Laufbahn, war ich ganz ok, meist im „Zweier-Bereich" und mit ein paar glücklichen Ausnahmen gelang mir auch die Eins. Qualitative Inhaltsanalysen schrieben sich meist einigermaßen einfach runter, aber meine favorisierte Hausaufgabe war am liebsten keine Hausaufgaben. Einige Monate später brachte mich Personal Branding auf den Weg zum ‚Hobby-Autor' mit einer wachsenden Followerschaft und einem neu entwickelten Schreibstil und führte mich zu Erfolgen, die ich mir mit 24 Jahren nie erträumt hätte.

Wie alles begann – mein Studium und Praxissemester

Als ich das Studium der Medienwirtschaft an der Hochschule der Medien begann, war ich mit 19 Jahren ziemlich grün hinter den Ohren. Soziale Medien nutzte ich ausschließlich privat und ich sah noch keinerlei Notwendigkeit, diese professionell zu betreiben.

Den ersten Anfang machte ich mit der Gründung meiner eigenen Firma. Ich hatte gerade meine erste eigene Website auf WordPress-Basis erstellt und von den Hintergründen wie SEO, Content Management Systemen und einer IT-Infrastruktur wenig bis gar keine Ahnung. Mein Vater vermittelte meinen ersten Kunden, einen Nachbarn und Psychologen, an mich und so begann die spannende Zeit von MJPE Design. In diesem Kontext lernte ich die Bedeutung eines vernünftigen Markenauftritts kennen, sammelte Erfahrungen in der professionellen Gestaltung eines Web-Auftritts und las mich in die Welten des Suchmaschinen-Marketings ein. Immer an der Seite, Google, mein Vater und die Hochschule der Medien.

XING war damals für mich schon eines der wichtigsten sozialen Medien. Ich wusste, dass ein gepflegtes Profil der Schlüssel für meine berufliche Laufbahn sein könnte. Über mein Profil und einen Kontakt ist die Detecon International GmbH auf mich aufmerksam geworden, sodass ich mein Praxissemester dort absolvieren konnte. Eine spannende Zeit begann in der Abteilung von Ingrid Blessing bei Corporate Communications. Der Aufbau meines Personal Brands begann genau hier, mit Ingrid Blessing und Marc Wagner, die heute als Co-Autoren an unserem Buch mitwirken, und Ibrahim (Ibo) Evsan, der schon als Redner und Dozent an der Hochschule der Medien in Stuttgart gewesen war.

Erste Schritte

Nutzen und Wirkung von Hashtags oder @-Mentions? LinkedIn mehr als ein Businss Netzwerk? Google Page 1? Alles Themen, die ich und die Kollegen der Detecon von Ibo und seinen Kollegen lernten. Mein Grundwissen hatte ich über die Jahre aufgebaut. Wie performt man bei Google? Wie sieht ein gut gepflegtes soziales Netzwerk aus? Alles Fragen, die ich beantworten konnte, jetzt kam jedoch zum ersten Mal ein professioneller Input dazu.

Meine Bachelorarbeit & die BE² Elektromobilitätsgesellschaft

Meine Bachelorarbeit sollte genau zu diesem Thema geschrieben werden. Die Affinität für die Möglichkeiten des Internets hatte ich bereits. Ibrahim (Ibo) Evsan und seine Kollegen sollten der Detecon die weiteren Schritte aufzeigen, ich diese aufschreiben und es sollte ein Leitfaden entstehen, der allen Kollegen helfen sollte. Ich dachte mir zu diesem Punkt, es wäre ja ‚schön doof', wenn ich die zahlreichen Tipps nicht für mich selber durchführen würde und so nutzte ich die Schulungen, um alles auszuprobieren und die Erkenntnisse an die Partner bei der Detecon weiterzugeben. Zu dieser Zeit lernte ich über meinen Vater den damaligen CEO von Doodle, Michael Brecht kennen. Ich erstellte für ihn eigene Webseiten und zu dritt entwickelten wir eine Idee. Die elektrische Fortbewegung war im Kommen. Der Diesel-Skandal war zwar noch in weiter Ferne, aber ein Verrückter in Kalifornien mit dem Namen Elon Musk hatte den Plan gefasst, die Automobilbranche zu revolutionieren. So gründeten wir die BE² Elektromobilitätsgesellschaft mit dem emobilitaetblog.de und meine „Influencer"-Karriere begann.

LinkedIn

Weltweit werden auf LinkedIn pro Minute fast 1.000 Posts im Newsfeed geteilt und pro Woche mehr als 100.000 Artikel veröffentlicht – auch von den mehr als zehn Millionen Mitgliedern in Deutschland, Österreich und der Schweiz. Und genau hier habe ich angeknüpft. Die Artikel, die ich für den emobilitaetblog.de schrieb, wollte ich auch meinem LinkedIn-Netzwerk bereitstellen. Die ersten Artikel waren relativ erfolglos. Wenige Ansichten, Likes und Kommentare standen in der Statistik.

Doch je provokativer die Überschrift und das Thema wurden, umso mehr Leser konnte ich für meine Artikel begeistern. Content, der zu Diskussionen anregt, ist dabei am erfolgreichsten. So wurde mein Beitrag „Wie Tesla die Autowelt in Atem hält" von über 15.000 Personen gelesen und 100-mal kommentiert. Tesla aus Kalifornien, die mit einem Twitterverrückten CEO die Automobilwelt in Atem hält, Rekordverluste schreibt und trotzdem immer neue Investoren an Bord holt, hat sogar zeitweise die großen Automobilhersteller bezüglich ihres Aktienwerts überholt.

Auf der unter dem Beitrag aufbrandenden Diskussion wurde der nächste Artikel aufgebaut, der sich der Kritik widmete und Punkte objektiv klarstellte. In dem Artikel „Ist die Zukunft der Elektromobilität gefährdet? Müssen wir auf Tesla aufpassen?" wurde auf die vorherigen Kommentare und Kritikpunkte eingegangen. Es traten die Verfechter des Diesels und des Verbrenners gegen Elektromobilitäts-Fürsprecher an und dieses Diskussionspotenzial sollte weiteren Anklang finden. Mit über 18.000 Lesern, 110 Kommentaren und 200 Likes wurde auch hier die Elektromobilität heiß diskutiert. Ganz entscheidend ist es hierbei, dass die Artikel von LinkedIn in irgendeiner Art gefeatured werden. Das kann die Aufnahme in die Pulse-Nachrichten sein oder das Erscheinen im Newsletter. Meinen Kontakt fand ich im damaligen LinkedIn-Chefredakteur für DACH. Er gab mir hilfreiche Tipps und zeigte meine Artikel auch außerhalb meiner Community.

LinkedIn Top Voice of the Year

LinkedIn erläuterte bei Verkündigung der Top Autoren des Jahres die Spielregeln zur Nominierung: „Wer es schafft, mit seinen Ideen und Meinungen Diskussionen anzustoßen und andere zum Denken anzuregen, sticht aus der Menge heraus. Und diese 25 Mitglieder aus dem deutschsprachigen Raum – sowie diese fünf Influencer – tun dies kontinuierlich. Im Schnitt haben sie 38-mal in diesem Jahr Beiträge veröffentlicht und jeder Artikel war durchschnittlich mehr als 850 Wörter lang." (tinyurl.com/linkedin-topvoice)

Bei LinkedIn kann man ohne aufwändigen Redaktions- und Publikationsprozess Beiträge veröffentlichen. Ähnlich einem Blog steht einem die Welt offen. „Um die Top Voices-Liste zu erstellen, haben wir eine Kombination aus Daten und redaktionellen Kriterien genutzt. Berücksichtigt wurden die Interaktionen (insbesondere, wie häufig Artikel, Posts und Videos eines Mitglieds geliked, kommentiert und geteilt wurden), wie sehr ihr Follower-Wachstum von ihren Veröffentlichungen auf LinkedIn beeinflusst wurde und wie oft ihre Inhalte in die redaktionellen Nachrichtenkanäle aufgenommen wurden – ein Zeichen für hohe Qualität. Wir haben auch Wert darauf gelegt, eine Vielfalt an Themen und Stimmen zu berücksichtigen."

LinkedIn fordert alle Autoren auf: „Die Kriterien stehen fest. Werden Sie die Top Voice der kommenden Jahre. Suchen Sie sich anregende Themen mit Diskussionspotenzial und publizieren Sie regelmäßig."

Meine persönliche Followerschaft ist mit den Monaten aktiv gewachsen. Viele Personen der Automobilkonzerne, über die ich schreibe, folgen mir und lesen meine Artikel. Aus meiner Sicht besonders wichtig: Haben Sie weiterhin keine Angst vor ‚schlechter Presse'. Gut recherchierte Artikel halten auch harten Diskussionen stand und es gibt immer Jemanden unter ihren Fans und Followern, der ihren Standpunkt teilt.

In allen Social Media teilen

Wichtig ist auch, die Reichweite über alle möglichen Kanäle zu erhöhen. Wählen Sie Ihre Ausgangsplattform. Das kann der eigene Blog oder der eben erwähnte LinkedIn-Account sein. Teilen Sie ihre Beiträge auch mit Ihren Followern auf Twitter, Facebook oder Pinterest und erhöhen Sie damit die Reichweite und die Leserschaft.

Es wird sich lohnen! Bereits nach wenigen Monaten habe ich positive Effekte bezüglich meiner Wahrnehmung in den digitalen Medien registriert. Viele meiner Aufträge und beruflichen Erfolge konnte ich über meine Außenwahrnehmung feiern. Ich durfte Vorträge zu Personal Branding halten und attraktive Konferenzen und Veranstaltungen besuchen. Mein Netzwerk wächst stetig und somit sicherlich auch meine beruflichen Perspektiven.

Wichtige Schritte zum Personal Brand

Ein professioneller Brand wird nicht von heute auf morgen aufgebaut. Es gilt Vieles abzuwägen und einige Fragen zu klären. Alle in meiner Bachelorarbeit im Teil 1 dieses Buches vorgestellten Personal Branding Canvas' gehen auf die eigene Person ein. Hier ist es wichtig zu klären, wie man in den digitalen Medien erscheinen will (und wie nicht!).

„Was war das erfolgreichste Projekt, das ich je in Angriff genommen habe und was hat mich erfolgreich gemacht?" Für mich ist diese Frage essentiell, denn hieran kann ich meine weitere Positionierung vornehmen. In meinem erfolgreichsten Projekt sehe ich, wo meine Stärken liegen, besonders bei der Positionierung auf LinkedIn würde ich die Frage analog umformulieren: „Was war der erfolgreichste Artikel?".

Bei Artikeln stellt man oft fest, dass die Leute besonders aktiv werden, wenn sie persönlich berührt werden. Wird die eigene Meinung angegriffen, verteidigt man diese. Mein Tipp lautet daher: Seien Sie provokant! Wagen Sie sich mit Ihren Thesen raus und haben Sie keine Angst vor Feedback. Auf Netzwerken wie LinkedIn wird dieses größtenteils konstruktiv sein und so kommen Sie mit Ihren Lesern und Kunden ins Gespräch.

Wenn Sie einmal im Dialog sind, bleiben Sie am Ball. Es ist wichtig, eine gewisse Routine bei der Pflege seines Personal Brands zu entwickeln. Wenn wir die Eckpfeiler eines Personal Brands betrachten, gibt es Anpassungen, die in großen Zeitintervallen stattfinden müssen, und Anpassungen, die stetig passieren.

Die Anpassungen, die in großen Zeitintervallen passieren, sind zum Beispiel die Profilpflege. Das Twitter-, LinkedIn- und XING-Profil muss einmal auf einen professionellen Stand gebracht werden. Ist dies der Fall, muss es nur bei größeren beruflichen Änderungen geupdated werden. Schauen Sie dabei, dass das Profilfoto Ihnen noch ähnlich sieht, die Jobbeschreibung und der Arbeitgeber stimmt und Sie in den sozialen Netzwerken noch über die gleichen Dinge berichten.

Anpassungen, die stetig passieren müssen, sind Posts und Updates zu Ihren Themen. Meine Posting-Routine hat sich fest etabliert und ist Teil meines Wochenablaufs. Ein Blog verpflichtet natürlich zu einer gewissen Aktualität.

Wochenplan

- Buffer befüllen – Twitter- und LinkedIn-Posts werden in Buffer terminiert. Die kostenlose Buffer-Queue reicht für zehn Posts. Wenn Sie die maximale Reichweite erreichen wollen, sollten sie zwei- bis dreimal pro Tag posten. Ich poste auf Twitter und LinkedIn einmal täglich. Auf LinkedIn stelle ich den tagesaktuellen Post ein und auf Twitter werden die Artikel mit einem gewissen Zeitversatz ausgespielt (Alternativen zu Buffer bswp. Scompler und Hootsuite). (siehe auch Kapitel 4.6.3)

- LinkedIn-Artikel – Am Wochenende oder abends schreibe ich einen bis zwei Artikel für die Woche. Tagesaktuelle Themen versuche ich am gleichen Tag auf LinkedIn zu veröffentlichen, da man es dadurch in die LinkedIn-News schaffen kann. Dies garantiert eine hohe Reichweite. Andere Artikel werden über die Woche verteilt in diesem Business-Netzwerk veröffentlicht. Ich habe für mich und meine Followerschaft festgestellt, dass Artikel montags und mittwochs am häufigsten gelesen werden. Wenn man den Artikel vorbereitet, kann man ihn an diesen Tagen Frühmorgens absetzen. So können sie die erste lesebereite Zielgruppe erreichen, die Pendler.
- Twitter – Tagesaktuelle Themen sollten Sie neben den terminierten Posts auf Twitter verfolgen. Die terminierten Posts über Buffer erzeugen ein gewisses Grundrauschen. Um Top Tweet zu einem Event oder Ähnlichem zu werden, müssen Sie auf die Top Hashtags aufspringen und dazu posten. Schreiben Sie, was Sie an diesem Event begeistert oder heben Sie Zitate von Rednern hervor. Dabei ist es wichtig, den Redner zu taggen und den Event-Hashtag im Post erscheinen zu lassen.

13 „Du hast Dich verändert" – Kompliment oder Vorwurf? Finde Deine Nische und wahre Authentizität

Jasmin Arensmeier, Bloggerin teaandtwigs.de

Jasmin Arensmeier ist selbstständige Konzepterin, Autorin und Bloggerin mit ihrem Blog www.teaandtwigs.de, bei dem sich alles um die Themen Lifestyle, Achtsamkeit und Design dreht. Seit 2015 lebt und arbeitet die deutsche Freiberuflerin in London. Der erfolgreiche Blog wird von einem YouTube-Channel flankiert, der mehr als 79.000 reguläre Abonnenten erreicht.

2018 publizierte sie im Südwest Verlag das Buch ‚Gestalte dein Journal mit der Bullet-Methode: Kreativ werden, Ziele verwirklichen, Glück finden – Inspiration für deinen persönlichen Lebensplaner' mit Tipps und „inspirierenden Bildern, wie man sein persönliches Journal aufsetzt, seinen eigenen Stil findet, welche Themenseiten interessant sind und welche Gestaltungsmöglichkeiten einen wunderschönen, persönlichen Begleiter entstehen lassen" (Amazon).

In diesem Buch finden Sie alle wichtigen Tools, Terminologien und technischen Spezifikationen, die Ihnen bei der Optimierung und der Grundsteinlegung Ihrer ganz persönlichen Marke helfen. Deswegen erspare ich Ihnen an dieser Stelle Details zu meinem Contentkalender, der Frequenz meiner digitalen und öffentlichen Auftritte sowie der Auswahl meiner Plattformen.

Viel mehr möchte ich einige Beobachtungen teilen, die mich in den letzten zwölf Jahren zu einer „Personal Brand" gemacht haben. Aus meinem Hürdenlauf, meiner Intuition und anfangs mangelnden Intention können Sie jede Menge lernen und Ihre ganz individuelle Marke formen – hoffentlich ohne Stolpersteine.

Werdegang

2006 startete ich meinen Blog, zu Beginn meines Studiums der allgemeinen Rhetorik und Medienwissenschaften, um mehr Arbeitsproben im Bereich Modejournalismus sammeln zu können. Eigentlich wollte ich ein Onlinemagazin gründen, fand aber keinen Grafiker oder Programmierer. Der Blog war als Übergangslösung schnell und ohne Know-how angelegt. Ungefähr ein Jahr später habe ich mit einigen Selbstportraits bei einem Fotowettbewerb ein Shooting für ein Magazin gewonnen.

Recht unverblümt lies ich mich im Rahmen einer Führung durch das Verlagshaus der Redaktionsleitung vorstellen und pitchte mein kleines Onlineprojekt – kurze Zeit später zog mein Blog um und ich veröffentlichte nun offiziell unter dem Dach des Modemagazins meine Inhalte und monetarisierte meinen Blog mit einem festen Gehalt. Nach meinem Master arbeitete ich in einer Filmproduktion und Werbeagentur und sattelte später auch hauptberuflich in die Verlagsbranche um – als Chefin vom Dienst für die Onlinepräsenz eines großen Modemagazins.

Bevor ich mich selbstständig machte, arbeite ich als PR-Direktorin für eine Kreativagentur und beriet Kunden zum Thema „Influencer Relationship Management", meine besondere

Expertise in diesem Bereich schöpfte ich aus meiner Nebentätigkeit, die ich trotz intensiver Arbeitszeiten nie wirklich loslassen konnte. Vermutlich war meine digitale Persönlichkeit so authentisch, weil ich lange Zeit nicht davon leben musste (auch wenn ich es gekonnt hätte).

Das machte mir lange Zeit möglich, meine Inhalte nach reiner Passion zu kuratieren. Diese Grundeinstellung hilft mir noch heute. Immer, wenn ich mich nicht entscheiden oder einschätzen kann, ob etwas wirklich zu mir und meiner Marke passt, versetze ich mich in diese Zeit und das jeweilige Mind Set zurück. Inzwischen arbeite und wohne ich als selbstständige Bloggerin & Kreative in London und veröffentlichte im März 2018 mein erstes Buch.

Online erwachsen werden

Wie viele andere 80er-Jahre-Kinder bin ich online erwachsen geworden. Das Internet war aufregend fremd, jede Plattform neu und die Möglichkeiten unendlich. Und das Beste & Schlimmste zugleich: Es gibt keinerlei Erfahrungswerte, Regeln oder Zukunftsängste, denn was einmal online ist ... ja was passiert damit eigentlich? Ich schrieb schon immer online über mein Leben, Wünsche und Träume und teilte besonders gerne Bilder.

Es war mir besonders wichtig Erinnerungen zu konservieren. Verstaubte Fotoalben waren nicht unbedingt mein Ding und ganz vielleicht hatte ich auch einfach Angst davor, unwichtig zu sein und in Vergessenheit zu geraten. Die Kleinstadt und meine Familie bewunderten zwar stets meine Passion für Worte und ausgefallene Kleidung, aber Dialog oder Gleichgesinnte fand ich selten. Wenn ich mich nun an mein 19-jähriges Ich wenden könnte, das MySpace, Livejournal und flickr liebt, hätte ich einiges zu sagen.

Keine Moralpredigt und sicherlich auch keine hämischen Worte, aber eine Sensibilisierung für persönliche Daten und das gläserne Selbst, das wir aufbauen. Denn hier wird besonders klar, dass aus diesen Erfahrungen jeder lernen kann, ganz egal ob wir „Personal Brand" als Angestellter oder Content Creator beleuchten: Die verfügbare Information über uns im Netz bildet im besten Fall eine Blaupause unseres Selbst ab, mithilfe derer wir uns wiedererkennen können. Denn was bringt es uns sonst, wenn zukünftige Kunden, Recruiter oder Arbeitgeber auf uns aufmerksam werden, wenn das gar nicht wir sind? Das gilt für schlechte Darstellungen sowie für besonders geschönte Varianten unseres Selbstbildes.

Bloggen im Wandel der Zeit

Als ich vor zwölf Jahren mit dem Bloggen begonnen habe, war das Medium Mittel zum Zweck. Diese Form des sogenannten „Self-Publishings" war besonders geeignet für alle, die etwas zu sagen hatten und nicht genau wussten, wie sie sich sonst Gehör verschaffen konnten. Der Fokus lag eindeutig auf den Inhalten und so stand auch ich als Person und Autor im Hintergrund. Für mich war das eine einmalige Chance, meinen Stil zu verbessern, journalistisches Handwerkszeug zu erlernen und ganz nebenbei nach und nach meinen Namen mit den Themen in Verbindung zu bringen, die mir wirklich wichtig waren. Personal Branding in ganz langsam – mit genug Zeit zum Nachdenken und vielleicht sogar für den einen oder anderen Fehler.

Doch wo stehen wir heute? Das Spotlight shiftet sich von den Themen und Ideen auf die Menschen, die dafür stehen. Auf besonders visuell getriebenen Plattformen wie Instagram oder YouTube ist das Gesicht einer Politikerin, eines Autors oder einer Aktivistin das Erste, worüber wir urteilen. Nach den tatsächlichen Inhalten, dem sogenannten „Content," müssen wir oft erst stöbern, uns einlesen – oder im schlimmsten Fall haben wir schon weitergeklickt und sind schon beim nächsten Thema.

Wir können uns der Schnelllebigkeit und Oberflächlichkeit der virtuellen Welt nicht verschließen, sondern müssen sie als Werkzeug für unsere Zwecke nutzen. Auffallen und besonders sein ist definitiv wichtig, jedoch sollten wir auch halten, was wir versprechen. Eine Clickbait-Blase platzt sonst schneller als man denkt und wird je nach Plattform und technologischem Standard sogar abgestraft und das schwächt unsere Marke, reduziert unsere Reichweite und mindert nicht zuletzt unsere Authentizität.

Von Menschen und Marken

Als Blogger, Influencer, YouTuber oder Content Creator bekleidet man meist in erster Linie ein bestimmtes Genre. Mode, Beauty, Automotive, Sport, Ernährung, Achtsamkeit – es gibt vermutlich nichts, was es nicht gibt (und sollten Sie so eine rare Perle finden, dann sollten Sie sich diese Nische sofort unter den Nagel reißen). Die individuelle Färbung der Inhalte passiert mithilfe der eigenen Persönlichkeit. So wird Vertrauen aufgebaut und das lässt unsere Leser und Zuschauer immer wieder zurückkommen, verwickelt sie in Konversationen und konvertiert diese schließlich zu Käufern von Produkten und Dienstleistungen.

Aus diesem Grund werden persönliche Marken tendenziell immer erfolgreicher als Plattformen oder gesichtslose Konkurrenten sein. Das wohl älteste Marketingwerkzeug in der klassischen Werbung ist nicht umsonst der sogenannte „Markenbotschafter", ein Sportler oder Schauspieler, der vorgibt ein bestimmtes Auto zu fahren, spezielle Turnschuhe zu tragen oder eine Vorliebe für prickelnde Softdrinks zu haben. Dieses Tool simuliert das organische Vertrauen, welches bei „Personal Branding" ganz von selbst kommt. Wie glaubhaft das jedoch ist, kommt auf die Umsetzung und den Match zwischen Person und Werbebotschaft an.

Überholt werden unpersönliche Marken und Produkte durch eine neue Authentizität und Produktneuheiten, die aus den Synergien von „Personal Branding" und bestimmten Fähigkeiten oder Interessen der jeweiligen Individuen bestehen. Machen wir es ganz bildlich: Würden Sie lieber ein Kochbuch Ihres liebsten Fernsehkochs oder eines von Barilla kaufen? Richtig: Der Koch weiß, was er tut, und Pasta kriegen sie vermutlich alleine hin.

Storytelling

Vorherrschend für Authentizität ist die Erzählweise. Gutes Storytelling serviert dem Rezipienten Informationen und Wissenswertes mit einer Prise Unterhaltung. Die Inhalte bleiben so besser hängen und die damit verbundene Botschaft fällt auf fruchtbaren Boden. Das gilt nicht nur für Werbung, sondern auch für Bewerbungen oder Entertainment-Formate. Vielleicht sollte man den nächsten „About-Text" auf dem eigenen Onlineportfolio lieber mit einem Kinotrailer gleichsetzen: Wären Sie jetzt neugierig oder nicht? Der About-Bereich ist übrigens der mit Abstand am meisten frequentierte Bereich auf meiner Webseite.

Meine Zuschauer und Leser kommen schließlich in der Regel auf meine Seite, weil sie wissen wollen, wer ich wirklich bin.

Gutes Storytelling macht Kommunikation erfolgreich und sehenswert. Deswegen reflektiere ich regelmäßig meine persönlichen Storytelling-Grundsätze und breche sie auf die einzelnen Plattformen herunter. Wie erzähle ich eine Geschichte im Rahmen weniger Assets als Instagram-Story? Wie packe ich meine Botschaft in einen Tweet? Je kürzer, desto anspruchsvoller.

Meine persönliche Erfahrung zeigt, dass es hier keine Zauberformel und kein Grundrezept gibt – aber menschliche Züge sprechen jeden an. Manche finden einen Zugang über echte Emotionen in einer Story, andere über Humor. Für eine gelungene Erzählweise fangen Sie am besten bei sich selbst an: Was bewegt Sie?

Nische – ein kleiner Raum für große Reichweite

Personal Branding zielt in erster Linie darauf ab, Sie von Ihrer besten Seite zu zeigen: Ihre Fähigkeiten und Ideale zu präsentieren und einer breiten Masse zugänglich zu machen. Deswegen ist die initiale Frage auch die Wichtigste: Was ist Ihre Nische, wo liegt Ihre Expertise und worüber möchten sie online sprechen? Das Konversationsthema ist viel wichtiger, als die Plattform, auf der das Gespräch letztendlich geführt wird. Hier sind verschiedene Faktoren wichtig:

- Angebot und Nachfrage Gibt es bereits viele Experten zu diesem Thema? Wird dieses Thema oft gesucht?
- Hat dieses Thema eine langfristige Relevanz (in der digitalen Welt)?
- Wie herausragend ist Ihre Expertise auf diesem Gebiet?
- Gehören Sie zu den Innovatoren des Themenfeldes? Werden Sie auch abseits der digitalen Welt damit in Verbindung gebracht?

Ich persönlich habe die Erfahrung gemacht, dass man am erfolgreichsten ist, wenn man eine Pionierstellung einnimmt. Entweder spricht man als Trendsetter als einer der Ersten ein Thema an, ist an der Schöpfung oder der Idee unmittelbar beteiligt oder gehört zu den ersten Multiplikatoren auf einer (neuen) Plattform oder in einem geografischen Raum (zum Beispiel Themen, die in Deutschland neu sind, in anderen Teilen der Welt schon vermehrt online besprochen werden).

Diese Faktoren begünstigen und stärken die Stellung als Experte ungemein und schärfen damit Ihr Profil als persönliche Marke. Mann kann nicht immer der Erste sein, schaden tut es aber bestimmt nicht.

Zu meinem Buchvertrag bin ich über eine ähnliche Sonderstellung gekommen. Als eine von wenigen deutschen Bloggerinnen schrieb ich viel über meine ersten Versuche mit einem sogenannten „Bullet Journal" und fand damit meine Nische. Ich shiftete meinen Kommunikationsfokus von Mode & Beauty zu einem vor wenigen Jahren noch weniger frequentierten Genre, welches sich in der englischen Sprache „Mindstyle" nennt.

Hier mischen sich buntere Lifestylethemen mit Achtsamkeitsübungen. Meine privaten Interessen veränderten sich zeitgleich ähnlich und so war diese Veränderung für mich organisch. Meine Zielgruppe und ich selbst sind daran gewachsen, jedoch ist eine persönliche Veränderung für das digitale Selbstbild immer eine Chance und Gefahr zugleich.

Persönliche Weiterentwicklung als Werkzeug und Falle

Als öffentliche Person und „Personal Brand" macht man sich angreifbar. Ich teile seit mehr als einer Dekade viele Momente aus meinem Leben online, meine Meinung zu Themen, die mich bewegen, Gedanken zu Menschen, die ich bewundere. Und all das verändert sich im Wandel der Zeit. Manche Dinge ganz schleichend und andere abrupt und drastisch.

Ganz objektiv geht es uns allen so: Keine Veränderung ist Stillstand, die persönliche Weiterentwicklung eines Menschen macht das Leben lebenswert. Im Netz ist es einer der größten Kritikpunkte überhaupt.

„Du hast dich verändert."

Eine Tatsache, die mehr nach Vorwurf klingt und schwer zu navigieren ist. Wir sprechen hier von keinem bewussten „Rebranding", sondern viel mehr von einer logischen (und eventuell unterbewussten) Veränderung. Als Marke oder bekannte Persönlichkeit lernen uns Menschen zu einem Zeitpunkt X kennen und sie identifizieren sich mit unseren Werten und den Themen, über die wir zu genau dieser Zeit sprechen.

Rational verstehe ich den Widerstand. Umso wichtiger ist es, in der Kommunikation die menschliche und verletzliche Komponente hervorzuheben. Denn das mag der ein oder andere aus den Augen verloren haben. Die Veränderung sollte viel mehr bejaht und als Kompliment verstanden werden, und keine Beleidigung sein und mit negativen Zahlen bestraft werden.

Für eine erfolgreiche Kommunikation von Veränderungen kann „Personal Branding" sehr hilfreich sein. Neue Themengebiete und Eigenschaften sollen als Mehrwert platziert werden und uns ein neues Publikum erschließen. Zeitgleich müssen wir uns, um glaubwürdig zu bleiben, von anderen Themen trennen oder unsere Aktivitäten auf andere Plattformen verschieben.

Man kann definitiv nicht auf allen Hochzeiten tanzen, bei jedem sozialen Netzwerk dabei sein und Experte für jedes neue „Trendig Topic" sein, aber man darf seine Meinung ändern und den ganz persönlichen Kommunikationsmix neu gewichten, wie es gerade am besten passt und 100 % authentisch ist.

14 Employee Advocacy: Mitarbeiter zu digitalen Marken(-botschaftern) machen

Ingrid Blessing, Detecon International

Ingrid Blessing blickt zurück auf über 20 Jahre Erfahrung im Umfeld Marketing und Kommunikation. Nach mehreren Stationen in der Verlags- und Medienbranche war die studierte Philologin als Project Manager und Teamleiterin in unterschiedlichen Branchen tätig, bis sie 2002 als Head of Corporate Communications beim Beratungsunternehmen Detecon International startete. Ihr fachlicher Fokus liegt zum einen in der Markenkommunikation, dem Corporate Publishing, in der Change Kommunikation und im Employer Branding. Sie erkannte zum anderen aber auch schon sehr früh die Potenziale der digitalisierten Kommunikation und hat sich mit großer Leidenschaft spezialisiert auf Themen wie Employee Advocacy, Personal Branding und Digital Publishing. Als Consultant und Trainerin berät die erfahrene Führungskraft mittlerweile nicht nur ihre eigenen Kolleginnen und Kollegen, sondern auch Unternehmen unterschiedlichster Branchen.

Alle mal mitmachen! Ein Selbstversuch

Wir haben es getan, und so viel sei schon mal verraten: es hat sich gelohnt. 20 Monate lang haben wir unsere Kolleginnen und Kollegen auf dem Weg zur digitalen Marke begleitet. Mit einem Employee Advocacy Programm, das zum Ziel hatte, sie von den Vorteilen des Personal Branding zu überzeugen und dabei zum Botschafter für die Verbreitung von Unternehmensnachrichten zu machen. Warum dieser Invest in die digitale Kommunikation? Als Beratungsunternehmen begleiten wir doch unsere Kunden tagtäglich durch den digitalen Wandel, können also ‚digital' wie kein anderer. Aber, so fragten wir uns Anfang 2016, wie ist es denn um unsere eigene digitale Transformation bestellt?

Der Schuster und seine Leisten

Oft trägt der berühmte Schuster die schlechtesten Schuhe. Wir hatten da so eine Ahnung und begaben uns auf eine Reise, die uns ganz schnell erkennen ließ: da ging noch was! Vieles fühlte sich ja schon ziemlich cool an: unser innovatives New Work Konzept, flexible und virtuelle Arbeitsplatzmodelle, mobile Apps für diverse Kernprozesse. Aber passte beispielsweise unser Recruitingprozess noch zu den Ansprüchen und digitalen Gewohnheiten unserer Zielgruppe? Waren wirklich alle relevanten Informationen leicht und digital zugänglich? Waren zeitgemäße eLearning-Formate im Einsatz? Ertappt! Schnell waren einige Projekte am Start und mit schillernden Namen versehen. Schnell waren die ‚Real Digital Natives' und solche, die es werden wollten, identifiziert und die Reise begann.

Von One-to-Many zu Many-to-Many

Da durfte natürlich auch die Unternehmenskommunikation nicht fehlen. Denn hier tobte der Change ja schon seit Jahren. Soziale Medien, Live-Streaming-Formate, Smartphones, mit denen jeder in Sekundenschnelle multimedialen Content erstellt und verbreitet, soziale Kanäle, über die jeder mit jedem kommuniziert – mühelos, überall, jederzeit.

Klar war, mit einem gut etablierten Social Intranet, diversen Blogs und regelmäßigem Publishing von Beiträgen auf der Website sah das alles gar nicht so schlecht aus. Kaum ein (für uns relevanter) Social-Media-Kanal fehlte im Kommunikationsmix. Aber dennoch waren Resonanz und Reichweite nicht die gewünschten, die Botschaften kamen allesamt von anonymen Corporate Accounts, die Partizipation der Mitarbeiter blieb aus. Obwohl es doch mittlerweile auf der Hand lag, dass das Potenzial einer dezentralisierten und partizipativen Kommunikation schier unendlich ist: größere und schnellere mediale Reichweite, glaubwürdige Inhalte jenseits vorgefertigter und austauschbarer Botschaften, mehr Profil durch Geschichten, die von Mitarbeitern erzählt werden und damit eine ganze Menge Authentizität. Denn in einer Zeit, in der uns unendlich viele Informationen zur Verfügung stehen, macht der Mensch den Unterschied. Nicht die schicke Website oder das perfekt inszenierte Unternehmensvideo.

Das Ziel war also klar: mit verschiedenen Initiativen möglichst viele Kolleg*innen mobilisieren und zum Digital Publisher machen. Auf dem Weg dorthin haben wir Vieles ausprobiert, Fehler gemacht und Erfolgsgeschichten geschrieben. Heute sind wir um zahlreiche Erfahrungen reicher und beraten längst nicht mehr nur unsere Kolleginnen und Kollegen beim Aufbau ihrer digitalen Marke, sondern auch unsere Kunden bei allen Fragen rund um die digitalisierte Kommunikation.

Und sowohl hier als auch da bestätigt sich immer wieder: DAS Patentrezept gibt es nicht. Viele Wege führen zum Erfolg und nicht zuletzt ist die Unternehmenskultur entscheidend dafür, ob Menschen offen sind für Neues und dafür, als Multiplikator für ihr Unternehmen anzutreten. Ein spannender Weg ist es allemal und wir teilen gerne unsere Erfahrungen mit Ihnen. Im Folgenden finden Sie einen bunten Mix an Maßnahmen, die sich in unserem eigenen, aber auch in Kundenprojekten bewährt haben und aus denen Sie sich Ihr individuelles Employee Advocacy Program konfigurieren können.

Achten Sei dabei immer darauf, dass der Mix stimmt aus Maßnahmen, die

- inspirieren,
- Fähigkeiten vermitteln und
- bestehende Abläufe und Instrumente optimieren und professionalisieren.

Inspire & Motivate

1. **Laden Sie inspirierende Speaker ein**, die wissen, wie es geht. Lassen Sie Influencer, Youtuber, Meinungsmacher, Vertreter von LinkedIn, Twitter & Co. auf Ihre Bühne. Unsere Digital Lunches wurden innerhalb kurzer Zeit zu den am besten besuchten Mitarbeiter-Events.
2. **Kommunizieren Sie Erfolge (und Misserfolge)**: Video-Interviews, in denen Kolleg*innen ihren (Leidens-)Weg schildern, Beiträge im Intranet, Newsletter usw. können Wunder wirken. Natürlich werden Sie Fehler machen, sich vielleicht in der einen oder anderen Sackgasse verlieren. Gut so, aber lassen Sie die Crowd aus diesen Fehlern lernen!

3. **Aktivieren Sie Ihre Führungskräfte!** Ein Post des CEO kann Wunder wirken. Und ein kleiner Hinweis im Rahmen eines Vortrags oder Mitarbeiter-Videos macht neugierig. Deshalb haben wir gleich zu Beginn des Projektes unsere Board-Mitglieder und Partner zu Executive-Workshops eingeladen.
4. **Planen Sie offene Event-Formate! Zum Beispiel Bar Camps** eignen sich sehr gut für die Vermittlung von Erfolgsrezepten rund ums Personal Branding in den Sozialen Medien. Hand aufs Herz: Ein spontaner Profilcheck durch eine nette Kollegin ist doch wirkungsvoller als seitenlange Guidelines, die sie sich downloaden, aber niemals lesen …
5. **Positionieren Sie eine Handvoll Kolleg*innen als Top-Influencer für Ihre Marke.** Helfen Sie diesen aktiv beim Aufbau ihres Netzwerks und ihrer Publishing-Formate und positionieren Sei sie als Success Stories im Unternehmen. Es muss ja nicht jeder die Welt neu erfinden …

Enable & Educate

6. **Etablieren sie ein internes Buddy-Programm.** Identifizieren Sie social-media-affine Kolleginnen und Kollegen, die als Mentoren für ‚Anfänger' zum Einsatz kommen und sich um die individuellen Anliegen ihrer Mentees kümmern.
7. Bieten sie praxisorientierte **Präsenz-Trainings und Workshops** an, in denen Sie die wichtigsten Skills zum Digital Publishing vermitteln. In unserem Fall wurden die folgenden Themen zum Dauerbrenner:
   - Basis-Training: ‚Fit für's Social Web': Die Grundlagen
   - Schreiben für's Social Web: Vom Post zum Blogbeitrag
   - Fotografieren & Filmen für Social Media
   - Social Selling: Kunden gewinnen in den Sozialen Medien

   Achten Sie immer darauf, den Teilnehmern nützliche Tools zu vermitteln, die ihnen die tägliche Arbeit erleichtern. Ob Apps zur Follower-Gewinnung, zur Content-Recherche, zur Bildbearbeitung oder zur Verwaltung mehrerer Social-Media-Accounts: alles, was Zeit spart, kommt an.
8. Runden Sie Ihr Trainingsangebot ab durch **Webinare und andere digitale Lernformate**

Improve & Professionalize

9. **Überprüfen und optimieren Sie Ihre Kommunikationsinfrastruktur.** Ist die klassische eMail-Kommunikation ihr präferierter Kanal in der internen Kommunikation? Dann denken Sie über die Einführung eines Social Intranets nach. Über Collaboration Tools (Bsp. Sharepoint) oder Instant-Messaging-Dienste (Bsp. Slack). Oder gar über Projektmanagement-Dienste wie z. B. Trello.
10. Führen Sie eine **Social Wall** ein, eine Art digitales Schwarzes Brett, auf dem Beiträge aus unterschiedlichen sozialen Netzwerken zusammenlaufen. Entweder zu bestimmten Hashtags oder alle Beiträge von definierten Accounts.

11. Noch besser: Bringen Sie ein **Employee Advocacy Tool** zum Einsatz. Im Gegensatz zur Social Wall, auf der Beiträge lediglich gelesen werden können, läuft auch hier definierter Content zusammen, kann aber vom User direkt in seine persönlichen Accounts weiterverteilt werden. So steht dem User jederzeit ein Content-Angebot zur Verfügung, das er für seine Zwecke anpassen und weiterverteilen (kuratieren) kann. Es gibt eine Vielzahl von Tools mit unterschiedlichen Schwerpunkten. Die gängigsten und performantesten sind derzeit EveryoneSocial, Thought Horizon, Socciable oder Smarp.
12. Laden Sie Vertreter aller Fachbereiche zu **Digital Adventure Workshops** ein und erarbeiten Sie gemeinsam mit diesen, wie die digitalen Medien für die tägliche Arbeit genutzt werden können. Wie kann bspw. der Vertrieb über die sozialen Medien neue Kunden gewinnen (Social Selling)? Welche neuen Wege der Bewerberansprache bieten sich für die Personalabteilung (Active Sourcing)?

„Die besten Botschafter kommen aus dem eigenen Unternehmen", sagt Sascha Pallenberg, Head of Digital Content der Daimler AG. Einer, der es wie kaum ein anderer versteht, glaubwürdig als Top Influencer für eine Unternehmensmarke zu agieren und dabei seinem eigenen und unverwechselbaren Personal Brand treu bleibt.

Probieren Sie es einfach aus. Sie werden staunen, wie schnell Ihre Unternehmenskommunikation eine ganz neue Dynamik entwickeln wird. Zum Schluss noch ein Top-Tipp für Ihren erfolgreichen Start: Verlieren Sie keine Zeit mit allzu vielen theoretischen Vorüberlegungen und **kommen Sie schnell ins ‚Machen'**. Ein Vortrag eines erfolgreichen Youtubers, vielleicht sogar im Live Stream in alle Unternehmensteile übertragen, hat eine erheblich größere Wirkung als eine zehnseitige Guideline zum Umgang mit LinkedIn. Wir wissen, wovon wir reden.

15 Personal Branding für Aufsichtsrätinnen und -räte Wie positioniert und vermarktet man sich als Kandidat/in für einen Aufsichtsrat oder Beirat

Martina Cleven, MC Marketing Consulting

Martina Cleven ist Diplom-Kauffrau und berät seit knapp 20 Jahren internationale Konsumgüterunternehmen bei der Entwicklung von Wachstums-Strategien für ihre Marken. Typische Themen: Markenpositionierung, Portfolio-Strategie, Innovationsentwicklung, Markenarchitektur. Je nach Problemstellung ihrer Kunden entwickelt sie maßgeschneiderte Workshops, oder sie begleitet Marken-Verantwortliche als konstruktiver Sparring-Partner in strategischen Fragen. Vor ihrer Selbständigkeit war sie Deutschland-Geschäftsführerin der Strategie-Beratung Added Value und hat zehn Jahre „hands-on"-Erfahrung im Brand Management gesammelt – u. a. bei Ferrero, Mars, Reemtsma und DeBeukelaer. Sie ermutigt im VdU und bei FidAR Spitzen-Frauen, sich aktiv als Kandidatinnen für Mandate in Aufsichtsgremien zu positionieren.

Seit vielen Jahren berate ich Konsumgüter-Unternehmen bei der Entwicklung ihrer Marken-Strategien. Eine typische Aufgabenstellung ist „Wir müssen unsere Marken-Positionierung überdenken – es entwickeln sich neue Wettbewerbsumfelder oder Konsumentenbedürfnisse, auf die wir proaktiv eingehen wollen".

Vor ein paar Monaten bekam ich aber eine neue, ganz andere Art von Vermarktungs-Aufgabe: Frau Dr. Kirsten Soyke, Regional-Vorstand FidAR Hanse (Frauen in die Aufsichtsräte e.V, www.fidar.de), schlug im Rahmen eines Networking-Treffens vor, den Mitgliedern Unterstützung bei der Positionierung und „Selbstvermarktung" zu geben – auch im Hinblick auf potenzielle Aufsichtsrats- oder Beirats-Mandate.

Die FidAR-Mitglieder leisten großartige Arbeit in der Wirtschaft, Politik oder Verwaltung – als angestellte Vorstände und Bereichsleiter oder als Selbstständige. Viele sind interessiert daran, mittelfristig ein Mandat zu übernehmen. Aber: Sie sind in der Öffentlichkeit nicht breit sichtbar. Und das würden sie gerne ändern.

Vielleicht rührt ihre mangelnde Sichtbarkeit daher, dass die Mehrzahl aus den Bereichen Recht, Steuern, Finanzen oder Personal kommt – vielleicht sind diese Berufsfelder nicht prädestiniert für einen offensiven Umgang mit (Selbst-)Vermarktung. Meine Ausführungen richten sich deshalb eher an diese Menschen, in allen „vermarktungsfernen" Funktionen, wie Finanzen, IT, Personal, Recht, Forschung & Entwicklung etc. Daher wird auch auf Marketing-Buzzwords so weit wie möglich verzichtet – oder sie werden erläutert. Und noch eine Bemerkung vorweg: Die Frage kam zwar aus einem Netzwerk von Frauen. Aber alles Folgende gilt selbstverständlich genauso für die männlichen Kollegen, die nicht wissen, wie sie sich angemessen selbst vermarkten sollen. Nicht jedem ist schließlich klassisches Alphatier-Imponiergehabe in die Wiege gelegt – oder es ist einfach heutzutage nicht mehr opportun.

Zu Beginn – wie bei jeder neuen Kategorie, mit der ich mich beschäftige – galt es, den Markt zu sondieren und zu verstehen. Dazu habe ich Expertinnen und Experten befragt: Zum einen bereits amtierende, aktive Aufsichtsräte und Beiräte. Und darüber hinaus Menschen, die im Besetzungsprozess eine Rolle spielen: Executive Search Firmen, Wirtschaftsverbände, Netzwerk-Experten.

Christine Wolff, Multi-Aufsichtsrätin u. a. bei der Hochtief AG, ist der festen Meinung:

„Es gibt zwei wesentliche Hindernisse für den beruflichen Aufstieg – ***zu viel Bescheidenheit und zu wenig Vernetzung****. Zum Thema Bescheidenheit kann ich feststellen, dass die meisten von uns eigene Fähigkeiten für selbstverständlich halten und ihren Wert unterschätzen. Was einem locker von der Hand geht, betrachtet man nicht als Leistung. Falsche Bescheidenheit hat zum einen massive negative Auswirkungen auf ihre Gehaltsverhandlungen, denn man verkauft sich unter Wert. Zum anderen hat zu viel Bescheidenheit Auswirkungen auf das Image, denn wenn niemand mitbekommt, welche Leistungen man bringt, verpuffen diese ohne jegliche Auswirkungen auf die Karriere."*

Ein Kernproblem ist also offensichtlich, dass viele Menschen – insbesondere Frauen – eine Tendenz dazu haben, ihre eigenen Fähigkeiten massiv zu unterschätzen.

Frau Prof. Manuela Rousseau, im Aufsichtsrat der Beiersdorf AG als Vertreterin der leitenden Angestellten, ist ähnlicher Meinung, wenn es um die Frage geht ‚Was machen Frauen, wenn sie angerufen und gefragt werden, ob sie einen Sitz in einem Aufsichtsrat annehmen würden?' *„Zu oft ist es noch so, dass Frauen zögern. Bei Männern hört man – scherzhaft gesprochen – schon die Sektkorken knallen."*

Aber: Wie kommt es überhaupt zu dem besagten Anruf? Die anfangs erwähnten Frauen würden sich ja darüber freuen! Was muss also vorher passieren – wie läuft der Besetzungsprozess?

Erster Eindruck:

„Das ist in der Regel ein sehr intransparenter Prozess", sagte mir ein Top Headhunter zu Beginn. „Die meisten Besetzungen laufen über persönliche Verbindungen." Also quasi eine ***Black Box***: Man sieht nur das Ergebnis, aber keiner weiß, wie es dazu kam. Bei Aufsichtsräten von börsennotierten Unternehmen weiß man zwar zumindest aufgrund der Veröffentlichungspflicht, wann eine Amtszeit abläuft – aber wer es dann wird, ist vorher völlig unklar. Bei Beiräten, die z. B. in mittelständischen Familienunternehmen freiwillig eingerichtet werden, besteht noch nicht einmal ein Überblick darüber, wie viele es gibt – geschweige denn, wer drinsitzt.

Andererseits, aktuelle Studien zeigen: Die sogenannte „Deutschland AG", also die Konzentration der Kontrolle der größten Unternehmen durch eine sehr kleine Zahl von verbundenen Top-Managern, wird kleiner. Das dürfte an mehreren Faktoren liegen:

- *Neue Herausforderungen*: Alle reden z. B. über die neuen Herausforderungen und Chancen durch Digitalisierung, aber die entsprechenden Kenntnisse in Aufsichtsräten sind oft erschreckend gering (siehe dazu die Studie vom Arbeitskreis deutscher Aufsichtsräte AdAR e. V. und Prof. Eichsteller unter www.aufsichtsratsstudie-digitale-transfomation.de).

Wie aber soll ein Aufsichtsrat die vom Vorstand vorgeschlagene Strategie kontrollieren oder sogar strategischen Input geben, wenn er nicht die richtigen Fragen stellen kann? Gleiches gilt für die Herausforderung durch die zunehmende Globalisierung der meisten Märkte oder die sich immer schneller verändernden Kundenbedürfnisse und Innovations-Zyklen. Neue Themen erfordern manchmal schlicht neue Köpfe.

- *Neue Erkenntnisse*: Mixed Leadership & Diversity, also die gemischte Besetzung von Teams mit Menschen mit unterschiedlichen Erfahrungen und Perspektiven, ist erwiesenermaßen schlicht erfolgreicher (siehe hierzu z. B. mff-memorandum.de/erfolg-durch-mixed-leadership/). Viele Gremien in Deutschland sind aber noch zum großen Teil mit Mitgliedern besetzt, deren CVs sich ähneln – vorwiegend mit Männern deutscher Herkunft, Jahrgang 1960 und älter.
- *Neue politische und gesellschaftliche Rahmenbedingungen*: Die „Frauen-Quote" für einen Teil der deutschen Aktiengesellschaften ist ein zusätzlich zu berücksichtigender Faktor, um die Besetzung der Gremien neu zu gestalten. Aber auch viele Unternehmen, die nicht dieser Verpflichtung unterliegen, sehen es inzwischen als nicht mehr zeitgemäß oder sogar schädlich für ihr Unternehmensimage an (Stichwort „Employer Branding"), wenn sie keine Frauen in ihren Gremien haben.

Insofern ergeht mein Appell an alle Interessierten: Wenn Sie die erforderlichen Eigenschaften und Qualifikationen für ein Mandat (hierzu später mehr) mitbringen: Jetzt ist die perfekte Zeit, sich einen Plan zurechtzulegen! Wenn Sie zufällig auch noch eine Frau sind, sollte das sicher heutzutage nicht schaden.

Los geht's – unter Anwendung der gleichen Prinzipien wie für einen Markenartikel.

Schritt 1: Bevor Sie anfangen, sich zu „vermarkten", müssen Sie Ihr Markenprofil erarbeiten.

Dafür müssen Sie zwei Kernfragen beantworten:

- Was verspreche ich – was ist meine Kernkompetenz?
- Wofür stehe ich & wie trete ich auf – wie ist meine Markenpersönlichkeit?

Hierzu ein Beispiel aus der Markenartikel-Branche: Adidas vs Nike

Die Kernkompetenz – das ist der **funktionale Nutzen, den beide Marken versprechen:**

Die Überlegenheit der Produkte, z. B. der Sportschuhe, führt zu herausragender sportlicher Leistung. Der „Reason to believe", also die Begründung dieses Versprechens, ist bei beiden Marken ihr beständiger technologischer Fortschritt, durch den sie z. B. ein spezielles neues Fußbett entwickeln, eine neue Laufsohle, atmungsaktive Belüftung oder eingebaute Stossdämpfer.

Meiner bescheidenen Meinung nach klingt dies bei beiden sehr ähnlich. Ich vermute, der durchschnittliche Jogger wird die Unterschiede im Blindtest nicht herausspüren können …

Was wirklich einen Unterschied macht, ist die jeweilige Marken-Persönlichkeit:

- Adidas will nach Aussage des aktuellen Vorstandsvorsitzenden Kasper Rosted *„... die besten Produkte für Sportler machen. Wir sind eine Sportfirma, keine Modefirma. Einer der Gründe, warum Deutschland 1954 Fußballweltmeister wurde, waren unsere Schuhe – das sehen hier alle so"* (Stern, 17.12.17). Die Marke steht für eine Mischung aus technischem Fortschritt, Disziplin und Geradlinigkeit, die letzten Endes zum Erfolg führt – also Eigenschaften, die eher als „typisch deutsch" gelten. Von adidas gesponsorte Sportler, die diese Eigenschaften verkörpern sollen, sind z. B. die Deutsche Fußballnationalmannschaft oder damals Steffi Graf.

- Nike hingegen steht für eine Lebenseinstellung: Lebe Deinen Traum, und glaube an Dich selbst, auch wenn Du vor scheinbar unüberwindbaren Hürden stehst: „Just do it!". Technischer Fortschritt wird hier zum Ausdruck von schier unerschöpflicher Kreativität und Erfindungsreichtum. Die Marke ist sozusagen die Verkörperung des American Dream, und die Helden sind extrovertierte amerikanische Basketballspieler, die es nach ganz oben geschafft haben: Michael Jordan, LeBron James & Co. Interessant auch die folgende Entwicklung: André Agassi, das ehemalige Enfant Terrible der Tennis-Szene, war von 1988 bis 2005 ebenfalls ein prototypischer Nike-Athlet. Nach einem „Ausflug" zu adidas als Sponsor ab 2005 (vielleicht wegen seiner inzwischen besonneren Persönlichkeit, als Ehemann von Steffi Graf?) ist er seit 2013 nun doch wieder zurück bei Nike unter Vertrag – das passt offensichtlich immer noch einfach besser zusammen.

Beide Marken haben eine unverwechselbare, klare Marken-Persönlichkeit. Selbst wenn diese dem Kunden, der einen Sportschuh kauft – vermeintlich – im Augenblick des Kaufentscheids nicht bewusst ist, so wird man doch die eine oder andere Marke für sich persönlich als die sympathischere einordnen, und dies wird die Entscheidung beeinflussen. Denn letzten Endes geht es darum: Passt die Marke zu mir? Will ich mit ihr gesehen werden?

Bei Ihnen als Kandidaten für ein Mandat ist es im Prinzip genauso:

Ihre Kernkompetenz ist Ihr funktionaler Nutzen für das Unternehmen – also Ihr Expertenwissen und Ihre relevante unternehmerische Erfahrung.

Der „Reason to believe", also die Begründung hierfür, sind die nachprüfbaren Fakten, vor allem die Stationen im CV: Ihre Positionen in verschiedenenen Unternehmen, Führungserfahrung, idealerweise Vorstandserfahrung, erfolgreiche Karriere.

Diese Kompetenzen bringen aber immer noch relativ viele Menschen mit. Sie sind selbstverständlich wichtig und Grundvoraussetzung für ein Mandat – aber sehr wahrscheinlich nicht unique!

Wirklich unterscheidend wird auch hier die Markenpersönlichkeit sein.

Denn es gibt auch für Mandatsträger unterschiedliche Persönlichkeitsprofile, die gesucht werden – wobei wohlgemerkt sowohl Frauen als auch Männer alle diese Profile haben können:

- Gewissenhafte, akribische Prüfer
- Ausgleichende, besonnene Diplomaten

- Konstruktive, kreative Querdenker
- Visionäre Strategen etc.

Erst die Mischung aus ihren funktionalen und persönlichen Merkmalen macht eine Person zu einer „Personal Brand".

Bsp.: Fränzi Kühne, die Gründerin einer Digital-Agentur, die mit nur 34 Jahren zur Aufsichtsrätin bei freenet berufen wurde:

Man hat sich sicher in erster Linie für sie entschieden, da sie Digital-Kompetenz mitbringt, die dem Aufsichtsrat fehlte. Sie ist aber neben ihrer Fachkompetenz auch eine Persönlichkeit mit klarem Profil, und wird durch diese Kombination zu einer „Personal Brand": Eine unkonventionelle Querdenkerin, die klar und deutlich ihre Meinung kundtut, und gelegentlich auch unbequeme Fragen aufwirft. Und sie entspricht auch optisch nicht dem landläufigen Prototyp eines AR-Mitglieds. Das wusste man vorher.

Wenn sie nun plötzlich im eher stereotypischen Business-Kostüm aufträte und auch ihr sonstiges Verhalten an die anderen Mitglieder anpassen würde, wäre dies nicht mehr authentisch – es würde (selbst bei unveränderter Experten-Kompetenz) ihre Positionierung schwächen: In einem Tierrudel würde man das wahrscheinlich als „Unterwerfungsverhalten" bezeichnen ... Oder, um es mit ihren eigenen Worten auszudrücken: „Warum sollte ich mich verkleiden" (Interview Zeit online 7.6.2017)?

Zurück zu Ihnen als Kandidat: Die Einordnung Ihres „Typs" ist die persönliche Sicht eines Dritten. So eine vertrauliche Information wird laut Ulrike Wieduwilt, Country Manager von Russel Reynolds Associates in Deutschland *„... nur in persönlichen Gesprächen weitergegeben – besonders zur Zusammenarbeit im Vorstand, zum Beispiel"*. Ihr Persönlichkeitsprofil ergibt sich aus der Summe der Meinungen, die andere über Sie haben. Je einheitlicher dieses Bild ausfällt, umso besser.

Wenn Sie es schwierig finden, sich selbst als „Kandidaten-Typ" einzuordnen: Suchen Sie sich Unterstützung. Hierzu nochmal Ulrike Wieduwilt: *„Es ist am besten, wenn Sie einen erfahrenen Mentor haben, der selber einige Mandate hat. Der kann Feedback geben. Wen immer man im Netzwerk hat mit Mandaten, sollte man nach Empfehlungen fragen. Aktiv Interesse zeigen macht Sinn."*

Diese Person kann Ihnen auch sicher eine Einschätzung geben, welche Rolle man Ihnen zutrauen würde.

Und: Es gibt zwar eher „normal" erscheinende Verknüpfungen von Funktion und Charakter/ Typ – vermutlich kann man sich einen Wirtschaftsprüfer eher als akribisch und introvertiert vorstellen. Und einen Marketing-/Vertriebsexperten als eher extrovertiert und kreativ. Dem muss aber nicht immer so sein. Versuchen Sie nicht, sich zu verstellen und einem standardisierten Pseudo-Ideal eines Kandidaten zu entsprechen!

Es kann gut sein, dass genau IHRE Mischung, also Ihre „Personal Brand", auf das gesuchte Profil passt.

Schritt 2: Verständnis der Zielgruppen

In der Welt der Markenartikel würde man mittels Marktforschung und Analysen von Trends sogenannte „Consumer Insights" entwickeln – also ein Verständnis darüber, was die Bedürfnisse und Motive verschiedener Zielgruppen sind.

Übersetzt auf Mandatsbesetzungen heißt das:

Welche verschiedenen Zielgruppen gibt es, und was sind ihre jeweiligen Anforderungen an Kandidaten? Wonach suchen sie, und wonach entscheiden sie?

1) Aufsichtsräte für Aktiengesellschaften:

Die Gremien sind i. d. R. groß (je nach Anzahl der Arbeitnehmer oft 12 bis max. 20 Personen). Sie sind paritätisch aus Anteilseignern (Kapitalgebern) und Arbeitnehmervertretern besetzt. Aufgaben und Anforderungsprofil werden u. a. durch den DCGK definiert (Deutscher Corporate Governance Kodex, www.dcgk.de). Außerdem stellen regelmäßig Studien – wie z. B. die DAX30/MDAX-Aufsichtsratsanalyse 2017 von Russell Reynolds – Empfehlungen bezüglich der idealtypischen Zusammensetzung der Gremien auf.

Auf Seiten der Anteilseigner sollte ein möglichst breites Spektrum an Erfahrungen und Perspektiven vorhanden sein: Stichwort Diversity. Man braucht zum einen Generalisten, die aufgrund eigener unternehmerischer Erfahrung (auf Vorstandsebene) auf Augenhöhe mit dem Vorstand diskutieren können. Zum anderen braucht man Spezialisten innerhalb der relevanten Funktionen: Finanzen, IT, Recht oder HR.

Und darüber hinaus Experten zu Themen, die strategisch wichtig sind – sei es Digitalisierung, Innovationsmanagement oder anderes. Einzelne Mitglieder arbeiten neben der normalen AR-Tätigkeit zusätzlich in kleineren Ausschüssen an Themen, die sie dann wiederum dem kompletten Gremium zur Diskussion vorstellen, z. B. Audit Commitee, Personalausschuss, Nominierungsausschuss oder Innovationsausschuss. Wer hier bei einem bestimmten Konzern ins Detail gehen möchte, wird auf Google schnell fündig – alle großen AGs veröffentlichen Informationen zu ihren Aufsichtsräten und Ausschüssen.

Auf Seiten der Arbeitnehmervertreter sitzen i. d. R. Mitglieder des Betriebsrates, der Gewerkschaften und ein leitender Angestellter.

Manuela Rousseau beschreibt den Weg zu ihrem ersten Mandat bei Beiersdorf so: *„Der Kollege, der mich für dieses Mandat gewinnen wollte, ließ nicht locker. Er empfahl mir, dem Verband Akademischer Angestellter, kurz dem VAA, beizutreten. Der VAA ist eine Gewerkschaft mit knapp 30.000 Führungskräften der chemischen Industrie. Dieser Verband vermittelt Kontakte zu anderen Aufsichtsräten. Er organisiert spezielle Weiterbildungsseminare für Aufsichtsräte und berät diese in fachlichen und rechtlichen Fragen. Er verfügt über ein dichtes Netzwerk in Wirtschaft und Politik."*

Wenn Sie sich also vorstellen können, einen ähnlichen Weg einzuschlagen: Informieren Sie sich über die Arbeitnehmervertreter, die in Ihren „Ziel-Konzernen" relevant sind.

2) Beiräte für Familienunternehmen / Fokus Mittelstand:

Ein Beirat ist ein von den Gesellschaftern der Firma freiwillig eingerichtetes Gremium, das die Geschäftsleitung kontrollieren und ihr als Sparringspartner zur Verfügung stehen soll. Der Beirat hat insofern die Funktion eines Mittlers. Er besteht i. d. R. aus nur wenigen Personen, die das Vertrauen der Gesellschafter genießen.

Eine Deloitte-Studie „Beiräte im Mittelstand" (tinyurl.com/Deloitte-Beiraete-Mittelstand) ergab, dass nach der an Nr. 1 stehenden unternehmerischen Erfahrung die persönlichen Attribute von Kandidaten daher besonders hoch eingeschätzt werden: Verantwortungsbewusstsein, Strategische Kompetenz, Analytisches Denken und Unabhängigkeit. Diese Kriterien wiegen deutlich mehr als fachliche Kompetenzen wie z. B. Rechnungswesen / Controlling.

Hierzu meint Dr. Regina Ruppert, Geschäftsführerin von Selaestus Executive Search: *„Mittelständische Aufsichts- und Beiratsgremien müssen die Inhaberstruktur des Unternehmens, die Marktsituation und die damit verbundenen strategischen Herausforderungen des Familienbetriebs gründlich verstehen.*

Dies erfordert Fachexpertise, langjähriges profundes Know-how in der Führung von operativen Organisationseinheiten, die Kompetenz in der Entwicklung unternehmerischer und innovativer Lösungen, die Fähigkeit, Menschen mitzunehmen, zu überzeugen, auch gegen Widerstände.

Diplomatisches Geschick und Sensibilität für die unterschiedlichen Interessenlagen auf der einen Seite, Hartnäckigkeit im Vorantreiben des Wandels, gepaart mit einer „Menschen bewegenden" Kommunikation auf der anderen Seite sind wichtige Erfolgsfaktoren für gute Beiratsarbeit."

Wie läuft die Suche nach Kandidaten?

Es ist sehr wahrscheinlich, dass jemand im AR oder Beirat bereits einen potenziellen Kandidaten persönlich kennt. Und/oder langjährig vertraute Geschäftspartner werden nach Empfehlungen gefragt.

Dies ist ja im Prinzip auch zunächst durchaus verständlich – schließlich geht es um die Berechbarkeit des zukünftigen Verhaltens des neuen Mitglieds: Man will möglichst genau wissen, worauf man sich einlässt.

Auch hier passt der Vergleich zu Markentreue bei Konsumgütern: Wenn jemand seit Jahren die gleiche Marke benutzt und damit gute Erfahrung gemacht hat – warum sollte er wechseln? Warum sollte er überhaupt anfangen, sich für neue Angebote zu interessieren?

Das geschieht i. d. R. nur, wenn irgendwann neue Bedürfnisse entstehen und die vertraute Marke einfach kein passendes Angebot bietet – oder zumindest erscheint sie nicht mehr als die beste Wahl. Vielleicht hat jemand jahrelang immer adidas-Joggingschuhe gekauft, aber braucht jetzt die perfekten Schuhe zum Golfen statt zum Joggen. Gibt es dafür nicht vielleicht einen Spezialisten, der das besser kann als Nike? „Diese englische Golfschuh-Marke, von der ich neulich gehört habe, wie hieß die noch gleich?"

Dann werden plötzlich Alternativen interessant.

Im Fall von Gremien-Besetzungen heißt das, dass sich die Entscheider regelmäßig die Frage stellen müssen: Haben wir immer noch die richtigen Kompetenzen an Bord, angesichts sich verändernder Herausforderungen? Die richtigen „Typen" von Menschen? Ausreichend internationale Erfahrung? Wollen wir bei der nächsten Gelegenheit auch gleich sicherstellen, eine Frau ins Team zu holen, um ggf. diese anderen Perspektiven einzubringen?

Wenn das persönliche Netzwerk dazu nicht die richtigen Kandidaten „hergibt", wird ein Executive Searcher beauftragt, eine Vorschlags-Liste anhand dieses fachlichen und persönlichen Wunsch-Profils zu unterbreiten.

Alle Kandidaten auf der Liste müssen natürlich die funktionalen, fachlichen Kriterien erfüllen. Aber das allein macht sie noch nicht unverwechselbar.

Je klarer die Mischung aus fachlichem und persönlichem Profil, also die „Personal Brand" ist, umso einfacher ist es für die Executive Searcher zu entscheiden, ob die Kandidaten für diese Liste in Frage kommen. Für die Endausscheidung wird dann sehr wahrscheinlich das Persönlichkeits-Profil den Aussschlag geben – passt die Person mit ihrem Charakter und ihren Werten ins Team?

Natürlich kommt noch etwas hinzu – Zitat Birgitt Ohlerich, Regional-Vorstand HH/Schleswig-Holstein des VdU (Verband deutscher Unternehmerinnen, www.vdu.de): „Am Ende des Tages gehört auch immer eine Portion Glück dazu, gerade am richtigen Ort und zur rechten Zeit für eine neue Position zu sein."

Es geht aber darum, die Wahrscheinlichkeit zu erhöhen, überhaupt gefragt zu werden – also in Betracht gezogen zu werden, und DEN besagten Anruf zu bekommen. Und diese Wahrscheinlichkeit ist umso höher, je klarer Ihr Profil ist.

Schritt 3: Erst jetzt nach der klaren Positionierung folgt die Kommunikationsstrategie

Bei einer Marke würde man nun planen, in welchen Medien sie wie präsent sein soll, um die Zielgruppe zu erreichen. Manche Medien, wie TV und z.T. auch online-Kanäle, eignen sich perfekt, um für eine Marke schnell eine hohe Bekanntheit und Reichweite aufzubauen. Andere, wie Events oder Direkt Marketing, bieten sich an, um eher persönliche Kontakte aufzubauen. Im Fall der „Kommunikations-Strategie von Kandidaten" geht es vor allem um das schon eingangs beschriebene zweite große Thema:

Das richtige Netzwerken

Es geht – entgegen einer leider immer noch weit verbreiteten Meinung – bei beruflichen Netzwerken nicht um das gegenseitige Zuschieben von Posten oder Aufträgen, unabhängig von Eignung. Sondern darum, in Netzwerken gegenseitiges Vertrauen und persönliche Beziehungen aufzubauen, um für eventuell eintreffende Anfragen bereits eine klare Meinung zu einer Person zu haben und sie ernsthaft und guten Gewissens empfehlen zu können. Joachim Rumohr, XING-Experte, sagte mir dazu, es gebe „... in jedem Netzwerk Blutsauger und Blutspender – man merkt schnell, wer zu welcher Kategorie gehört". Ich denke, das spricht für sich.

Je klarer Ihnen ist, in welcher Art von Unternehmen Sie ein Mandat gewinnen möchten, umso zielgerichteter können Sie planen: In welchen Netzwerken sollte ich mich engagieren? Was ist die ideale Mischung aus persönlichen Kontakten zu wichtigen Multiplikatoren (zeitintensiv!) und einer breiteren, dafür aber oberflächlicheren Bekanntheit?

Zuerst: Machen Sie eine Liste aller relevanten Kontaktpersonen, die Sie bereits kennen, die Ihre Arbeit schätzen und die von Ihren Ambitionen wissen sollten! Hierzu meint Ulrike Wieduwilt: „Kandidatinnen haben oft viel mehr gute Kontakte als sie erinnern. Ehemalige Aufsichtsräte (von Firmen), wo sie gearbeitet haben, ehemalige Chefs, Vorstände von Agenturen etc."

Das Gleiche gilt für ehemalige Kollegen, Studienfreunde, Geschäftspartner und – vor allem für Selbständige – ggf. auch langjährige, gute Kunden, zu denen Sie eine vertrauensvolle Beziehung haben.

Wenn Sie früh anfangen, sich ein gutes Netzwerk aufzubauen, macht Sie das übrigens auch gleichzeitig zu einem deutlich interessanteren Kandidaten! Regina Ruppert sagt dazu: „Ein großes Plus jedes Beiratsmitglieds sind wertvolle Netzwerke in der Branche, der schnelle und unkomplizierte „Zugriff" auf Schlüsselpersonen in verschiedenen Themenstellungen (Finanzen, Recht, Steuern etc.)."

Welche Netzwerke sind relevant?

Wenn Sie Ihre „Hausaufgaben" (Schritt 1 + 2) gemacht haben, sollten Sie dies als Filter nehmen. Hören Sie sich um, googlen Sie, lesen Sie – die Auswahl ist sehr groß. Schauen Sie sich in Ruhe um, besuchen Sie verschiedene Veranstaltungen als Gast, bevor Sie Mitglied werden: Sie planen ja schließlich damit auch, mit wem Sie in Zukunft einen Teil Ihrer freien Zeit verbringen wollen.

Es gibt eine große Zahl von Verbänden und Berufsvereinigungen, daher hier nur ein paar allgemeine Tips, auch aus meiner persönlichen Erfahrung:

- Weniger ist mehr: Werden Sie nur in ein paar Netzwerken aktives Mitglied – dann aber richtig. Es ist zeitintensiv, aber es lohnt sich. Man lernt sich wirklich persönlich kennen und kann wertvolle langfristige Kontakte aufbauen, die für alle Beteiligten interessant sind.
- Bringen Sie sich ein, um gesehen und gehört zu werden: Halten Sie Vorträge, melden Sie sich als Panel-Teilnehmer, organisieren Sie Events etc.
- Der Anlass dieses Artikels war ja die Frage nach der besseren „Sichtbarkeit" von erfolgreichen Frauen. Daher hier ein Tip speziell an weibliche Führungskräfte und Unternehmerinnen, von Birgitt Ohlerich: „Neben dem unmittelbaren Networking der VdU-Unternehmerinnen untereinander, die sich auf Augenhöhe austauschen und unterstützen, rückt der VdU vor allem erfolgreiche Frauen in Führungspositionen in den öffentlichen Fokus. Noch immer wird der Beitrag von Frauen zur Wirtschaftsleistung unseres Landes unterschätzt, heute ist eine von drei Selbstständigen eine Frau, und jedes fünfte mittelständische Unternehmen wird von einer Frau geführt, Tendenz steigend. Frauen sind heute ein ebenso selbstverständlicher wie selbstbewusster Teil der Wirtschaft."

- Auch beim Netzwerken gilt: Diversity ist erfolgreicher – bleiben Sie nicht nur unter Ihresgleichen, d. h., interessieren Sie sich auch für Netzwerke von Spezialisten anderer Fachbereiche. Sie müssen ja nicht überall Mitglied werden: Lassen Sie sich auf den email-Verteiler als Gast setzen und beobachten Sie, ob für Sie interessante Themen und Menschen dabei sind. Ich war z. B. neulich Gast auf einer Veranstaltung der FEA (Financial Experts Association) zum Thema Aufsichtsratbesetzung, bei der ich als vermutlich einzige Marketing-Expertin ein „Exot" war. Da ich ein paar konkrete Fragen „im Gepäck" hatte, war der anschließende Austausch für beide Seiten interessant, und ich habe mehrere Personen kennengelernt, mit denen ich jetzt in direktem Kontakt stehe.
- Abschließend noch ein Rat von Kirsten Soyke: „Sie sollten sich in männlichen wie weiblichen beruflichen Netzwerken etablieren. Praktischer Tip: Bleiben Sie nach der Veranstaltung noch vor Ort – viele interessante Gespräche finden spontan anschließend im kleinen Kreis statt."

Wie ist die optimale Gewichtung von online vs. offline?

Früher beschränkte sich der Kreis derer, die etwas zu einer Person sagen konnte, auf persönliche Kontakte: Im privaten Bereich Familie und Freunde, und beruflich: Kollegen, Mitarbeiter, Vorgesetzte, Geschäftspartner, Kunden.

Diese persönliche Erfahrung ist sicher auch in Zukunft durch nichts zu ersetzen, aber „die richtige Mischung macht's". Hier sind sich aktive Aufsichtsräte, Personalberater und Verbands-Vorstände einig:

Christine Wolff meint: „Ziel beim Online-Auftritt ist es, die bereits vorhandenen Kompetenzen für eine mögliche Aufsichtsratstätigkeit sichtbar zu machen. Nicht nur Personalberater, sondern auch Vorstände, Aufsichtsratsvorsitzende und -mitglieder bedienen sich zunehmend der Online-Suche, um passende Kandidaten zu finden oder um Informationen über potenzielle Kandidaten einzuholen. Im Moment werden circa 30 bis 40 % der Mandate über Personalberater und Online-Suchen vergeben. Der Rest erfolgt über persönliche Kontakte, aber auch hier werden Kandidaten vom Aufsichtsrat gegoogelt, um sich ein besseres Bild von den Kandidaten machen zu können ..."

Regina Ruppert sieht das ähnlich:

„Wir nutzen sehr gerne Netzwerke und persönliche Referenzen zur Meinungsbildung über Kandidaten, greifen auch zur ersten allgemeinen Einschätzung über die beruflichen Aktivitäten eines Kandidaten auf Online-Quellen zurück. Wir schätzen jedoch am meisten den persönlichen Austausch, insbesondere wenn es um die sozialen Kompetenzen geht."

Und Birgitt Ohlerich sagt dazu: „Wir wissen, dass die meisten Mandate aufgrund von Netzwerken und wer-kennt-wen vergeben werden, trotz der Professionalität in Besetzungsfragen, die in den Gremienbesetzungen in den letzten Jahren Einzug gehalten hat. Dieses Netzwerken wiederum stützt sich heute mehr und mehr auf digitale Formen – insofern ist meine Empfehlung klar: unbedingt auch Online-Netzwerke nutzen."

Auch Ihre Online-Vita wird also zunehmend wichtig: Sei es bei der ersten groben Sichtung – man will ja schließlich nicht übersehen werden. Oder bei der ergänzenden Hintergrund-recherche / Beurteilung: Hat der Kandidat irgendwelche „Leichen im Keller"?

Heute haben viele Menschen eine Meinung zu einer Person, die sie noch nie persönlich getroffen haben – ausschließlich durch deren Online-Präsenz.

Das ist Chance und Risiko zugleich: Man bekommt deutlich schneller eine breite Öffentlichkeit. Jeder, der es möchte, kann heutzutage eine Website launchen und einen Blog starten.

Aber: Das Web vergisst nichts. Sie bauen täglich an Ihrem Ruf, Ihrer „Personal Brand". „Digitale Jugendsünden" sind vermutlich weniger ein Problem, aber mit zunehmender Verantwortung für Mitarbeiter und Unternehmen sollte sich jeder die Frage stellen: Welche Signale will ich über mich geben?

Das bedeutet nicht, sich selbst einer permanenten Zensur zu unterwerfen oder auf nur einem Thema zu verharren, im Gegenteil – interessante Marken entwickeln sich ja auch weiter. Die Entwicklung sollte nur nachvollziehbar und immer auch relevant für Ihr langfristiges Ziel sein.

Ausblick

Ich weiß nicht, mit welcher Motivation Sie diesen Beitrag gelesen haben – an welcher Stelle Ihrer Karriere Sie stehen und ob Sie darüber nachdenken, sich für ein Mandat zu positionieren. Vielleicht sind Sie auch erst durch diesen Beitrag „auf den Geschmack gekommen". So oder so, ich denke, der Besetzungsprozess ist nicht wirklich länger eine Black Box, wenn Sie folgende Schritte befolgen:

- Werden Sie sich Ihres fachlichen und persönlichen Profils, Ihrer Kompetenzen und Eigenschaften bewusst. Sie sind einzigartig, Sie SIND bereits eine „Personal Brand". Bleiben Sie sich treu.
- Positionieren Sie sich klar: In welchen konkreten Unternehmenstypen und Branchen wollen Sie sich einbringen? Welche Rolle können und wollen Sie dort übernehmen?
- Machen Sie einen möglichst konkreten Networking-Plan: Wen kennen Sie schon, der von Ihren Ambitionen erfahren sollte? Wer sollte Sie kennenlernen? In welchen Netzwerken können Sie sinnvoll etwas Konstruktives beitragen und sich „einen guten Namen" machen?

Last but not least: Wenn jemand auf Sie wegen eines möglichen Mandats zukommt, haben Sie offensichtlich bereits alles richtig gemacht. Gehen Sie davon aus, dass Sie es können – keine falsche Bescheidenheit!

Kirsten Soyke meint hierzu: „Sie sollten bei der Frage nach einem Mandat IMMER „Hier" rufen und keine Bedenken äußern (kann ich nicht, hab' ich noch nie gemacht etc.) und sich umgehend mit den anfragenden Unternehmen und dem Unternehmer befassen – das erhöht Ihre Chancen."

16 Wie die Jungfrau zum Kinde kam Mein Weg zur Personal Brand

Guido Bosbach, ZUKUNFTheute.net

Guido Bosbach ist selbstständiger Managementberater. Seine „Nische" ist der Blick auf das gesamte Unternehmen und die Optimierung und Sicherstellung einer wirkungsvollen Zusammenarbeit, beginnend bei der Befreiung des Managements von Routineaufgaben und einer Neuausrichtung auf die Herausforderungen der Zukunft. Er begleitet Organisationen aller Art bei der Konzeption, Vorbereitung und Umsetzung der großen Transformationen, vom Management-Upgrade über die Implementierung von mehr Agilität, „new work"-Ansätzen und der Digitalen Transformation. Guido Bosbach ist Vordenker und Wegbereiter neuer, organisationsindividueller Managementmodelle und Zusammenarbeitsformen. Er denkt, schreibt und spricht darüber, wie es gelingt, auch zukünftig den Menschen im Fokus zu haben und zugleich maximalen Erfolg zu erzielen.

Es ist schon eine spannende Übung, wenn man sich unvermittelt mit der eigenen öffentlichen Wahrnehmung beschäftigen soll. Mit dem, was man in der Form zwar mit einem „like" versehen würde, aber die man im Grunde selbst nie aktiv bearbeitet hat. So geht es mir mit dem Thema „Personal Branding". Ich bin dazu gekommen, wie die berühmte Jungfrau zum Kinde. Nicht geplant und doch ist's irgendwie passiert – und Spaß gemacht hat's auch, nur muss man jetzt sehen, was man damit anfängt.

Also, wie war das...

Persönlichkeitstests sagen über mich, dass ich so etwas wie ein anspruchsvoller, höflicher multiperspektivischer, bewusst und systemisch denkender, vor allem aber empathischer, introvertierter Minichaot bin, der es zudem vor seiner Laufbahn als Mathematiker geschafft hat, dass in schulischen Mathematikklausuren, wegen schlechter Rechtschreibung und Interpunktion, das sehr gute Ergebnis eine Teilnote abgewertet wurde. In Summe für viele vielleicht nicht das Profil eines Menschen, der seine „Personal Brand" vor allem durch seine geschriebenen Beiträge aufgebaut hat.

Bei all der „vornehmen Zurückhaltung", die man mir zuweilen noch immer anmerkt, habe ich vor ein paar Jahren eine Metamorphose durchlaufen, die „das Kind" in die Welt gesetzt hat. Aus der Retrospektive ist die Metamorphose leicht erkennbar, als ich mittendrin steckte, war sie es nicht. Sie startete im Grunde in dem Moment, indem ich für mich erkannte, dass gute Führung selten, und Führung, der ich folgen wollte und die meine Potenziale und Talente zu blühen hätte bringen können, fast nicht vorhanden war - zumindest da, wo ich zu dieser Zeit unterwegs war.

Es war der Moment, bei dem in einem modernen Schwarz-Weiß-Film zum ersten Mal ein Farbfleck auftaucht. Der Moment, in dem ich mit neuen Augen zu sehen begann und nach dem alles Vorherige fad und langweilig erschien.

Es war auch der Moment, in dem mir klar wurde, dass, wenn ich es schaffen sollte zu erkennen, wie man Führung, Management, Zusammenarbeit anders gestalten konnte, ich versuchen wollte, andere davon zu überzeugen, diese Erkenntnis auch anzuwenden, sie gewissermaßen zu „infizieren". Ich wollte einfach, dass anderen Arbeit auch mehr Spaß macht, ihnen mehr positiv wahrgenommene Lebenszeit in der Arbeitszeit ermöglicht. Ich wollte nichts weniger als „einen Abdruck im Universum zu hinterlassen". (#Merker, wichtig: Meinem Persönlichkeitsprofil „Größenwahn" hinzufügen!!).

We(bs)ite ist nicht genug

Damit, mit meinem Ausstieg aus dem „geführten" Leben in ein selbst- und ständiges, war auch der Moment gekommen, in dem ich mir überlegen musste, wie ich Kunden auf die neuen Möglichkeiten die für sie in der Nutzung meiner Potenziale und Talente (in Form von Beratung) lagen, aufmerksam machen wollte. Klar: eine website musste her.

Zum anderen: In dem Bereich der von nun an leidenschaftlich mein Thema werden sollte, hatte ich nach der Papierlage (in Form der in Deutschland so wichtigen Zertifikate und Ausbildungsbescheinigungen) keine „nachweisliche" Ahnung. Dass ich mein (Arbeits) Leben lang, aus tiefster innerer Überzeugung und als Teil meiner Persönlichkeit „transformationaler Leader" und „agiler Coach" war, hatte außer meinen damaligen Kollegen nie jemand zu spüren bekommen. Zudem gab es damals kein Angebot, dass meinen Ansprüchen (siehe „Persönlichkeitsprofil"), nicht nur bestätigt zu bekommen, was sich schon wusste, sondern auch neues mitnehmen zu können, entsprach.

Was also tun ...? Lernen!

Autodidaktisch – reflektiert und, weil auch „Working out Loud" immer schon ein Teil meiner Arbeit war: möglichst mit öffentlicher Breitenwirkung. Übrigens ein Lernprozess, der tatsächlich nicht mehr endet.

Ergo: Ein Blog musste her und meine Social-Media-Profile mussten (re)aktiviert werden.

Dem Neo-Gerneralist bleibt nur, er selbst zu bleiben

Zwei Dinge waren mir zu diesem Zeitpunkt zwar logisch klar, aber noch nicht wirklich bewusst:

Jede Social-Media-Plattform hat ihre eigenen Gesetze, Eigenschaften, ihre eigene Sprache und ihre eigenen Nutzer und in jeder gibt es eine unglaubliche Zahl sehr unterschiedlicher Filterblasen, jede mit eigenen Gesetzen, Eigenschaften, Sprachen und Mitgliedern.

Wer mit diesem komplexen Gebilde von Filterblasen interagieren möchte, hat nur zwei Möglichkeiten: sich anpassen oder man ganz einfach selbst sein.

Ich glaube, wer sich anpasst, hat (hier) schon verloren. Ich (zum Glück) konnte nicht anders, als einfach nur ich zu sein. Zumal, da ich bei der Vielzahl von Themen, in die ich mich immer tiefer eingearbeitet hatte, in zu viele Filterblasen eingestiegen war, von Zukunftsthemen, wie „Digitalisierung" und „neue Technologien", die „HR-Community" bis zu Diskussionsforen zu „Führung" oder solchen zu „Künstlicher Intelligenz". Themen, die es zum Teil unmöglich machten, überall den richtigen Ton zu treffen und die gerade aktuellen Buzzwords zu nutzen.

Die damit einhergehende Breite an Inhalten, die ich wiederum in die Diskussionen beisteuern konnte, einfach, weil ich immer wieder über den Tellerrand schauen musste und so neue Perspektiven einbringen konnte, sind wohl ein Geheimnis der großen Followerzahl TROTZ (und nicht wegen) eines zugleich augenscheinlich diffusen Themenfeldes. Denn zugegebenermaßen sind und werden die komplexen Zusammenhänge nicht jedem sofort klar. Das Big Picture zu erkennen wird immer schwieriger.

Die Macht der Worte

Wer in so vielen Filterblasen unterwegs ist, kann sich eines nicht leisten: Unverständlich zu schreiben. Die Macht der Worte entfaltet sich erst, wenn sie auch bewusst genutzt werden. Buzzword Bingo ist da ebenso falsch am Platz, wie undifferenzierte Respektlosigkeiten.

Die andere Perspektive wiederum ist, dass auch bewusst maßvolles (und manchmal bewusst maßloses) Polarisieren zum „Schriftwerk" gehört, nur eben in einer Form, die aufweckt, statt abzustoßen.

Es ist das Wechselspiel zwischen dem Dasein als Influencer, als Multiplikator, als Meinungsmacher und Meiungsäußerer, Querdenker und zugleich immer auch wieder kompetenter Ratgeber, das viele „Human Brands" auszeichnet.

Trude Herr, eine Kölner Schauspielerin mit großen Erfolgen in den 1960er Jahren, sagte einmal sinngemäß: „Dein Publikum will erheitert, aber nicht belehrt werden."

Zwar ist Bloggen, zumal wenn es um ernste Themen geht, kein Schauspiel, sondern steht mit seiner Wirkung mitten im (digital) social life, aber zu belehrend und bierernst, zu unpersönlich dürfen die Worte eben auch nicht (immer) sein. Die Leser und Follower sollen Freude haben und jeder für sich ganz persönlich etwas mitnehmen können, ohne sich wie in der ungeliebten Schule zu fühlen.

Zugleich – ja, es ist ein stetiges hin und her – müssen die Worte zur Filterblase passen. Ein „Du" auf Xing und LinkedIn verändert die wahrgenommene Ernsthaftigkeit der Argumentation ähnlich, wie ein „Sie" auf Twitter und facebook.

Worte haben aber noch eine andere Macht, der man sich dann immer bewusster werden sollte, je mehr diese Worte gelesen werden. Sie verändern. Sie verändern den Schreiber, wie sie auch den Leser (und manchmal den Nicht-Leser) verändern. Sie nehmen Einfluss auf das System, in dem sie geschrieben werden, auf Haltungen und Verhalten und sie verändern damit auch die Gesellschaft.

Jeder mit einer wahrnehmbaren persönlichen Marke (und nicht nur Macke) hat eine gesellschaftliche Mitverantwortung. *„Content is king – but: Courage and culture are the emporers".*

35.000 und (k)ein Ende?

Inzwischen ist meine Followerzahl allein auf LinkedIn auf ca. 35.000 angewachsen (Stand April 2018) und zähle zu den LinkedIn Top Voices. Ganz ehrlich – ich weiß auch nicht wirklich, woher die Zahl und die Follower kommen. Es muss damit zu tun haben, dass meine

Leidenschaft für den Themenbereich „Mensch & Arbeit" sich einen Weg gebahnt hat, der viele anspricht und bei dem viele tatsächlich etwas für sich ganz persönlich mitnehmen können.

Mein Weg war einer, der mich in meiner Kompetenz, meiner Aussagefähigkeit zu den Themen hat wachsen lassen. Es war einer, bei dem ich mein Wissen gerne geteilt und meine Kontakte immer wieder auch direkt miteinander bekannt gemacht habe.

Personal (digital) Branding ist auch „Leadership". In beiden Fällen geht es darum, dass Wertschätzung und Anerkennung, Reputation und Respekt seitens der Follower zum Ausdruck gebracht werden, indem sie dem anderen folgen, ihm zeigen, dass sie an den Aktivitäten teilhaben wollen, dass sie (ganz am Rand) Teil der Community sein möchten. Welchem ganz persönlichen Antrieb dieser Wunsch entspringt, kann dabei vielfältig sein. Manche sind glücklich, „sichtbares" Mitglied einer großen Gruppe zu sein, manche wollen zu einem ganz bestimmten Themengebiet up to date bleiben.

Wohin Followerzahlen steigen, hat mit vielen Einflüssen zu tun. Wie schnell die Zahlen wieder abfallen, weil der Content falsch gewählt wurde, weil man plötzlich die flache Sprache spricht, weil man selbst Entwicklungen verpasst hat, kann ebenso viele Gründe haben. Personal Branding ist sicher keine Einbahnstraße.

To brand or not multi brand – there is no question!

Es gibt eine Grenzfläche des Personal Branding, die ich – unabhängig, wie ich davon bislang bin – besonders spannend finde. Die Grenze und das Zusammenspiel von Corporate und Personal Brand. Einige Persönlichkeiten mit einer starken Marke haben sich die eigene Marke erarbeitet, indem und weil sie in und aus einem Unternehmen agieren und berichten konnten. Spannend wird es, wenn diese dann das Unternehmen wechseln.

Sicher ist, dass deren Follower in der Vielzahl bei der Person und weniger beim Unternehmen bleiben. Manche werden ebenfalls zu Followern des neuen Unternehmens. Das „neue" Unternehmen gewinnt also, doch was ist mit dem „alten", mit dem, dem plötzlich ein Sprachrohr und Kommunikationskanal fehlt?

Die logische Konsequenz: Je stärker Personal Brands gesellschaftsfähig und Differenzierungsfaktor in einer immer intensiver vernetzten Welt werden, desto mehr sollten Unternehmen darauf achten, den Gewinn und die Last aus den Spill-over-Effekten auf mehrere Schultern zu verteilen.

Es sollte also immer mehr als nur einen geben. Denn die Vielfalt der Meinungen und Aussagen, zusammen mit der Einigkeit in der Botschaft ist, was alle beteiligten Marken erstarken lässt.

Aber, auch wenn mancher zur Personal Brand kommt, wie die Jungfrau zum Kinde, es ist und bleibt dennoch Arbeit und kein Kinderspiel. Arbeit an sich selbst und mit und für andere. Arbeit aber auch, die Spaß macht und leidenschaftlich ist, die das Sinnvolle mit dem Nützlichen verbinden kann. Wobei – mit dem Schreiben verdiene ich kein Geld, der Broterwerb ist weiterhin die Beratung.

17 Strategisches Content Marketing

Prof. Harald Eichsteller, Hochschule der Medien

Der studierte Betriebswirt (WHU Koblenz, Northwestern University, ESC Lyon) gilt als Experte für Strategisches Management, Digitale Kommunikation und Innovationsmanagement. Nach einer Karriere als Unternehmer und Manager, zuletzt als Chief Digital Officer der ARAL AG, folgte Harald Eichsteller 2003 dem Ruf als Professor für Internationales Medienmanagement an die Hochschule der Medien (HdM) nach Stuttgart. Seine Praxiserfahrung bringt er sowohl in seine Vorlesungen in Stuttgart sowie weltweit in seine Beratungs- und Vortragstätigkeiten ein.

Der Herausgeber der Studienreihe Digital Dialog Insights (www.digital-dialog-insights.de) publiziert regelmäßig Ergebnisse von Expertenumfragen und ist als 5-Sterne-Redner bei Veranstaltungen und Kongressen gefragt. Prof. Eichsteller ist seit Jahren Jury-Mitglied bei diversen MedienAwards und unterstützt mit seiner Expertise junge und etablierte Firmen als Beirat.

2013 unterzog er sich einer umfassenden Zertifikatsprüfung und gründete die Fachgruppe Zertifizierter Aufsichtsrat – Deutsche Börse AG im Arbeitskreis deutscher Aufsichtsrat e. V. (AdAR). Seit 2017 leitet er zudem die Fachgruppe Digitale Transformation im AdAR.

Wenn ein Strategie- und Marketing-Professor über dieses hochgehypte Buzzword schreibt, kann man Theorien und wolkige Erkenntnise erwarten! Weit gefehlt – seitdem ich mich mit dem Thema beschäftige, ist mir immer klarer geworden, dass Erfolg im Strategischen Content Marketing neben einer klaren Strategie vor allem Planung, Organisation und diszipilinierte Ausführung bedeutet. Wenn man nicht all diese Eckpfeiler fest verankert, kommt man über Aktionismus und von ‚Kampagne-zu-Kampange-Hecheln' nicht hinaus – auch im Personal Branding!

Strategie

Die meisten Personal Brands, die ich kenne, sind von Natur aus mitteilungsfreudig und haben kein Selbstbewusstseinsproblem. Deren Fans, Freunde und Follower haben sich aber meist wegen **eines** spezifischen Themas dazu entschlossen, sich digital mit ihnen zu verbinden. Wenn sich brilliante Insights im Kernkompetenzfeld der Personal Brand nun mit Nischen-Vorlieben mischen, kann das zu Irritationen führen. (Ich habe mich einmal von einem militanten HSV-Fan digital verabschiedet, als dieser anfing, sich über meinen gebeutelten Heimatclub KSC despektierlich zu äußern.) Das heißt nicht, dass liebenswerte oder auch kantige Persönlichkeitsfacetten nicht vorkommen sollten – im Gegenteil! Aber eben doch nicht so, dass sie einen Teil der professionellen Followerschaft vergraulen.

Nun zu einer ordentlichen Definition. Michal Porter definierte 1980 Strategie als „Taking **offensive or defensive actions** to create a **defendable position** in an industry to **cope successfully with the five competitive forces** and thereby yield a **superior return on investment** for the firm". Fast 40 Jahre später hat diese Definition nichts an Aktualität verloren und passt auch für Strategien von Personal Brands – sie stellt die verteidbare Einzigartigkeitspositionierung in den Mittelpunkt der Betrachtung!

Mirko Lange, mit talkabout.de und scompler.scribblelive.com Pionier und Autorität in Sachen Strategischem Content Marketing, übersetzt passend Content Strategie mit „Welchen Content brauchen wir" (dazu) und stellt die folgenden Schlüsselfragen:

- Was sind die Ziele für das Unternehmen bzw. die Personal Brand?
- Welchen Mehrwert bietet der Content für die Nutzer?
- Wie hilft der Content, zum „sauber definierten Erfolg" zu konvertieren?

Im Kern der Strategie steht die sogenannte Core Story, Ihre Mission, Ihr ‚Leitstern für jeden Content', wie Mirko Lange das blumig beschreibt.

Als Personal Brand, der seinen Erfolg mit Mandaten für Vorträge, Beratungsaufträge und Aufsichtsgremien übersetzt, steht bei mir im Mittelpunkt, meine Kompetenzfelder klar zu definieren und mich damit möglichst unnachahmbar und einzigartig zu machen und diese Positionierung auch gegen potenzielle Mitbewerber verteidigen zu können.

Meine persönliche Core Story ist klar definiert:

- 20 Jahre Praxiserfahrung in Agentur, Medien und Industrie
- Letzte Topmanagement-Position: Chief Digital Officer eines Konzerns
- Wechsel an die Hochschule der Medien in Stuttgart vor 15 Jahren
- Praxisnaher Professor für Strategie, Marketing und Digitalisierung
- Unabhängigkeit, Erfahrung, Netzwerk in Topetagen von Wirtschaft und Verbänden

Die Content-Strategie definiert im zweiten Schritt Nutzwerte für mögliche Auftraggeber für Mandate. Dabei haben wir fokussierte Kompetenzfelder definiert, die regelmäßig mit Studien und Publikationen angereichert meine Einzigartigkeitspositionierung festigen sollen:

- Digitalisierung / Aufsichtsräte
- Digitales Marketing
- Innovationsmangement

Seine Kompetenz kann man in Theorie und Praxis des Lebenslaufs darstellen, mit Zertifikaten anerkannter Institutionen wird diese ggf. nochmals unterstrichen. Um für Mandate in Aufsichtsgremien in Frage zu kommen, unterzog ich mich bei der Deutsche Börse AG einer umfassenden Zertifikatsprüfung als Qualifizierter Aufsichtsrat und gründete im Arbeitskreis deutscher Aufsichtsrat AdAR die Fachgruppe Zertifizierte Aufsichtsräte sowie den Fachausschuss Digitale Transformation.

Der „sauber definierte Erfolg" kann man bei der oben skizzierten Mandatsstruktur in ‚Buchungslage' übersetzen – für alle drei Felder erscheint das Timing jedoch außerordentlich ‚ballistisch'. Mandate kommen manchmal drei Jahre nach dem Erstkontakt oder direkt am nächsten Tag, bei Beirats- und Aufsichtsratsmandaten ist es durchaus möglich, dass man beim ersten Mal zwar in die engere Auswahl des Nominierungsausschusses kommt, dann aber auf die nächste Wahlperiode in fünf Jahren vertröstet wird.

Content-Planung

Content-Erstellung ist natürlicher, fester Bestandteil des laufenden Betriebs eines Hochschullehrers, Redners und Autors für die Erstverwendung in Vorlesungen, Vorträgen und Publikationen. Für die Content-Planung ist also reichlich Material vorhanden, die Aufbereitung für die Zweitverwertung im persönlichen Content-Marketing erfolgt idealerweise direkt bei der originären Erstellung des Contents.

Seit sieben Jahren erstellen wir bspw. Studien in der Reihe Digital Dialog Insights und bereiten die Ergebnisse mit Infografiken auf. Dies vereinfacht einerseits in der Erstverwendung die Lesbarkeit und damit die Durchdringung der Studienergebnisse in der Zielgruppe. Andererseits ist dies ideal für die Zweitverwertung und verlängert die Sichtbarkeit der Studienergebnisse bspw. in einer aktuellen 30-teiligen Serie von Tweets über mehrere Wochen.

Früher wurden die Studienergebnisse mit Paukenschlag auf einer Konferenz vorgestellt, flankiert von einer Pressemitteilung und der daraus resultierenden Berichterstattung – fertig, ein Jahr Pause, nächste Studie!

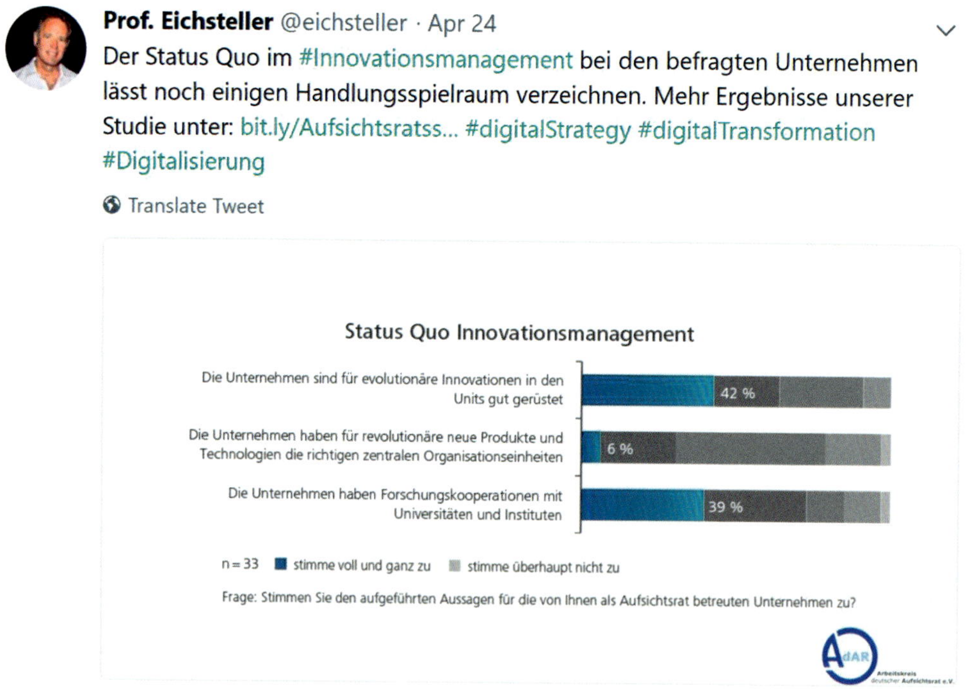

Abb. 18: Beispiel Tweet von Studienergebnissen mit Infografik, Link und Hashtags

Ein guter Content-Mix über die Woche ist empfehlenswert, um verschiedene Zielgruppensegmente seiner Followerschaft ‚zu bespielen'. Im digitalen Marketing hat sich die Definition von sogenannten Personas bewährt, wobei man die unterschiedlichen Zielgruppen archetypisch ausformuliert und mit Namen versieht. So hat man im wahrsten Sinne des Wortes ein besseres Bild davon, welchen Content man mit welchem Ziel an welchte Zielgruppensegmente ausspielt.

Durch das Aufgreifen von aktuellen Ereignissen, die zum Themengebiet passen, kann man die Beiträge dynamischer gestalten. Durch ‚Frohe Ostern/Weihnachten-Wünsche' mit einem schönen und/oder witzigen Bild wird die Personal Brand nahbarer und sympathischer. Postings zu interessanten Kampagnen-Tagen stehen für ein vielschichtiges Interessenfeld (World Design Day, UNESCO Welttag des geistigen Eigentums, Welttag des Buches, Tag gegen die Internetzensur etc.).

Immer wichtiger werden audiovisuelle Elemente im Personal Branding (siehe auch Beitrag „Video im Personal Branding in 12 Schritten" von meinem Kollegen Jürgen Seitz). Die Planung von flankierendem Video-Content hat natürlich auch etwas mit Produktionsressourcen zu tun – die gute Nachricht: das Smartphone produziert ausreichende Videoqualität fürs Web, wenn Licht und Ton stimmen. Aber bitte: Authentisch ist nicht verwackelt! Die Investition in ein Stativ verhindert zudem allzu verzerrte Selfie-Mode-Looks.

Bilder und Videos erhöhen definitiv die Aufmerksamkeit, Live-Postings kommen erfahrungsgemäß ebenso gut an. Infografiken versehen wir gerne mit Logos der Herausgeber (wenn vorhanden) – das ist gut für das eigene Branding und steigert den Wiedererkennungsfaktor.

Zur Planung gehört natürlich Kontrolle – man sollte offen und kritisch seine Beiträge im Nachgang betrachten und evaluieren, welche besser ankamen und welche eher schlechter. Und je nach Ergebnis sollte man nachjustieren, auch bzgl. Postingzeiten und/oder Hashtags.

Organisation / Kanalarchitektur

Jetzt kommt das Wichtigste: Für Content-Marketing braucht man einen Redaktionsplan! Der Modus ‚Wenn-ich-Zeit-habe-mache-ich-meine-Posts-und-Tweets-zwischendurch' funktioniert nicht professionell. Idealerweise ist der Redaktionsplan ein digitales Tool, das mit den Ausspielkanälen verdrahtet ist und collaborative Freigaberoutinen bereithält. Ich und meine PR-Assistentin benutzen Scompler, Alternativen sind Hootsuite und Buffer (siehe auch Kapitel 4.6.3).

Die unterschiedlichen Kompetenzfelder, die in der Content-Strategie verankert sind, haben jeweils eine eigene Website als digitalen Hub, wo die jeweiligen „Content Nuggets" hinverweisen; im Einzelnen sind dies für mich:

- Digitalisierung / Aufsichtsräte
  www.deutsche-qualifizierte-aufsichtsraete.de
  www.aufsichtsratsstudie-digitale-transformation.de
- Digitales Marketing
  www.digital-dialog-insights.com
  www.nonprofit-marketing-2020.de
- Innovationsmangement
  www.innovator-club.de

Als zentraler Hub über alle Felder fungiert die Site www.eichsteller.com, als soziale Medienkanäle sind Twitter, Facebook und ein YouTube-Channel eingerichtet. Für alle Kanäle ist es gelungen, die ‚Vanity URL' mit dem eigenen Nachnamen zu bekommen, Profil- und Hintergrundbilder sind weitgehend identisch:

- www.eichsteller.com
- twitter.com/eichsteller
- youtube.com/eichsteller
- facebook.com/eichsteller

Ausführliche Profilseiten sind in den Business-Netzwerken XING und LinkedIn angelegt – für mich übrigens kein Entweder-Oder sondern eindeutig Beides ein MUSS. Ausnahme, wenn jemand ausschließlich im DACH-Bereich oder ausschließlich international tätig ist:

- xing.com/profile/Harald_Eichsteller/
- linkedin.com/in/haraldeichsteller/

Twitter ist für mich der zentrale täglich bespielte Kanal für Entscheider im Businessbereich und für Multiplikatoren, ausführliche Artikel für XING und LinkedIn kommen 14-tägig dazu. Der Aufbau der Followerschaft ist übrigens eine Fleißarbeit, die man systematisch betreiben sollte. Als Faustregel würde ich empfehlen, 1.000 Follower anzupeilen und auf eine positive Follower-Following-Ratio zu achten, um als Personal Brand ernst genommen zu werden (siehe auch Kapitel 4.6.3).

Noch ein praktischer Tipp zum Aufbau der Followerschaft: Vernetzen Sie sich mit befreundeten Personal Brands und ziehen Sie sich gegenseitig hoch, indem Sie Ihren Content gegenseitig liken und sharen. So bildet sich für alle eine mehrwertstiftende „Community of Interest", was übrigens in den 90ern der Vorgängerbegriff für Social Media war.

Abb. 19: Beispiel YouTube-Videos
Interview 15 min (youtube.com/watch?v=BQdilBHXcNw)
Outtake 1 min. (youtube.com/watch?v=DCj_QjRoZXg)

YouTube macht es einem einfach, seine Videos in einem eigenen Channel zu organisieren. Ein praktischer Hinweis zu Videos: Falls Sie einen professionellen Interviewtermin haben, bitten Sie Journalisten/in und Kameramann/frau noch zusätzlich ein 1-Minuten-Statement aufzunehmen. Im Idealfall dauert das eben eine Minute und Sie haben ohne wirklichen Mehraufwand professionelles Videomaterial für Ihr Content-Marketing.

Facebook ist der Kanal, in dem ich neben professionellem Content meine persönliche Seite zeige und öffentlich teile – Wissenswertes, Momentaufnahmen von Veranstaltungen, Hobbies, Highlight-Bilder/-Videos, ausgewählte Familienszenen. Dazu ein paar persönliche Einschätzungen:

- Wissenswertes: Es gibt Personen und Institutionen, mit denen ich bei Facebook connected bin, die in regelmäßigen Abständen etwas posten, das ich teilenswert finde (Bsp. World Economic Forum)
- Momentaufnahmen: Hier teile ich sowohl eigene Veranstaltungen sowie Events, die ich interessante finde (Bsp. Hochschule, Messen, Kulturelles, Sport)
- Hobbies: Szenen vom Skifahren, Golfspielen, Segeln funktionieren übrigens deutlich besser, wenn man selbst und/oder mit anderen Personen im Bild ist
- Highlight-Bilder/-Videos: außergewöhnliche Performances aus Musik/Kultur/Kunst zeigen vielseitiges Interesse und haben ästhetischen Wert
- Familie: Definieren Sie Ihre No-Gos bzgl. Ehepartnern, Kindern, Szenen etc.
- Bilder vom 80. Geburtstag der Mutter/Oma, vom Skiurlaub etc. erzeugen Sympathiewerte; manche Ehepartner bevorzugen keinerlei Präsenz im Personal Branding des Partners und absolut keine Bilder von den gemeinsamen Kindern.

Das von Mirko Lange konzipierten FISH-Modell sowie das Content-Radar-Modell haben sich in der Praxis sowohl zur Planung als auch zur Kontrolle von ausgewogenem Content-Marketing bewährt. FISH steht für Follow – Inbound – Search/Sales – Highlight und klassifiziert Content nach Kommunikationszielen. Das Content-Radar bildet die vier Nutzendimensionen des Contents ab und differenziert im Fadenkreuz vordergründig-tiefgründig (horizontal) sowie funktional-emotional (vertikal).

(www.talkabout.de/strategisches-content-marketing-10-schritte-zur-strategie)

Vorteile eines digitalen Content Marketing Systems

- *Klare Strategie- und Zielformulierung für Social Media Auftritt*
- *Definition von Personas, Customer Journeys, Themenfeldern, Hashtags*
- *Einbindung und Verwaltung aller Social-Media-Kanäle*
- *Zusammenarbeit mehrerer Personen von Idee über Produktion bis zur Freigabe*
- *Vorausplanung und automatisiertes Posten (wodurch man auch an stressigen Tagen immer einen Beitrag parat hat)*
- *Analysefunktionen*

Disziplinierte Ausführung

Eigendisziplin mit einer gezielten stundenweisen Unterstützung durch eine PR-Assistenz hat sich in der Kombination mit der Content-Marketing-Plattform Scompler für mich bewährt. Jahrelang hatte ich alleine und ad hoc publiziert, wann immer ich Zeit übrig hatte – nachweisbar kein strategischer Ansatz.

Durch den konsequenten Aufbau meiner Followerschaft mit meinem Sohn Marvin, der der Hauptautor dieses Buches ist, hatte ich schnell die kritische Zahl von 1.000 Followern erreicht, in wenigen Monaten sogar 3.000; in XING kommen über 2.000 und in LinkedIn über 1.000 gepflegte Kontakte dazu; die 1.000 Facebook-Freunde haben sicherlich eine hohe Überschneidung mit den XING- und LinkedIn-Kontakten; in einer Adressdatenbank sind ca. 4.000 Adressen gepflegt, neben Name, Vorname und eMail-Adresse ist vermerkt, ob ich mit der jeweiligen Person per Du bin, damit ich diese in personalisierten Mailings dann auch so ansprechen kann. Dass jede eMail mit einem Opt-Out-Hinweis versehen ist, versteht sich von selbst.

Nach dem gemeinsamen Aufsetzen der Content-Marketing-Strategie mit der PR-Assistenz ist ein Aufwand von fünf bis zehn Stunden pro Woche ausreichend; ein wöchentliches 30-Minuten-Meeting kann sinnvoll sein, durch das Content-Marketing-Tool kann die Freigabe von vorbereitetem Content durch die Personal Brand aber auch digital ohne persönlichen Kontakt erfolgen.

Übrigens: Für die Freigabe sollte sich der Hauptprotagonist schon selbst die Zeit nehmen! Was für eine Story, wenn die Personal Brand den unter seinem Namen publizierten Content selbst nicht kennt und von seinen Fans und Followern darauf angesprochen wird.

18 Thought Leadership: Wie Vordenker in Führung gehen

Randolf Jessl, Auctority GmbH

Randolf Jessl ist Gründer und Inhaber von Auctority – Beratungsagentur für Leadership Communications & Authority Marketing (www.auctority.net). Seine Mission: Menschen und Organisationen dabei zu unterstützen, mit ihrem Wissen und ihren Ideen in Führung zu gehen. Er arbeitet in Thought-Leader-Programmen mit Top-Führungskräften, Fachspezialisten, Gründern, Selbstständigen und Belegschaften. Der studierte Sozialwissenschaftler begann seine Karriere als Wirtschaftsjournalist bei Axel Springer und Corporate Publisher bei BurdaYukom. In der Haufe Gruppe war er über eine Dekade lang Chefredakteur einer führenden Zeitschrift für Management, Recht und Organisation, Herausgeber von Fachinformationsangeboten und zuletzt Geschäftsführer. Randolf Jessl ist zudem Juror beim Deutschen Journalistenpreis (djp) in der Sektion Bildung & Arbeit.

Wir leben in einer hypermedialen Welt. Online-Publishing und Social Media haben jeder und jedem die Möglichkeit eröffnet, zu publizieren, sich einen Namen zu machen und Anhänger zu gewinnen. Ihr eigenes Publikum sozusagen. Der Dreisatz dieser digitalen Netzökonomie lautet: Menschen nutzen (neue) Medien, werden Marken (Personal Brands), gewinnen Einfluss (Influence).

Der Weg zum Markenstatus und zu Einfluss kann allerdings sehr unterschiedlich verlaufen. Die einen begeistern durch Entertainerqualitäten, die anderen schaffen Überblick in komplexen Themenfeldern, wieder andere überzeugen durch tiefe Kenntnisse und ausgewiesene Expertise auf ihrem Gebiet.

In diesem Beitrag soll es um eine besondere Spezies unter den letztgenannten gehen. Um Menschen wie zum Beispiel

- Simon Sinek, der mit seinem „Golden Circle" und der Empfehlung „Start with Why" Menschen weltweit ein Instrument an die Hand gegeben hat, Sinn und Mission in ihrem Tun zu erforschen,
- Rand Fishkin, der die Disziplin „Search Engine Optimization" vorgedacht und den führenden Dienstleister hierzu an den Markt gebracht hat,
- Joe Pulizzi, der „Content Marketing" als Antwort auf die Werbekrise entworfen und dazu einen weltweit führenden Kongress und ein Institut ins Leben gerufen hat,
- John Stepper, der mit „Working Out Loud" eine sich derzeit rasant verbreitende Methode populär gemacht hat, wie Menschen in Unternehmen abteilungsübergreifend zusammenarbeiten und effektiv Social-Collaboration-Tools nutzen.

Das sind nur ein paar besonders prominente Beispiele mit globaler Wirkung – die sie, zugegebenermaßen, auch der englischen Sprache verdanken. Vom begnadeten Entertainer, namhaften Experten oder kundigen Kurator hebt diese Art „Influencer" und „Personenmarken" sich dadurch ab, dass sie in einem bestehenden Themenfeld eine neue Perspektive eröffnet oder ein völlig neues Thema gesetzt haben. Und dass sie darum herum Communities gebildet, Initiativen gegründet und Geschäfte gebaut haben (die nicht auf der Einnahme von Werbegeldern, sondern auf Monetarisierung ihres Wissens und ihrer Ideen beruhen).

Menschen wie sie werden häufig als Vordenker oder „Thought Leader" bezeichnet. Dem schließe ich mich gerne an. Ihr Erfolg ruht auf vier Pfeilern:

1) Originalität des Denkens und neue Ideen
2) Verknüpfung von Thema und Person
3) Kombination aus Positionieren, Publizieren, Auftreten und Netzwerken
4) Augenhöhe mit dem Publikum und horizontale Autorität

Pfeiler 1: Originalität und neue Ideen

Originalität ist am Werk, wenn Menschen sich als Vordenkerin oder Vordenker einen Namen machen. Der neue Blick aufs altbekannte Thema oder das Setzen eines neuen Themas zeichnet diese Menschen aus. Das geschieht, indem sie unterschiedliche Disziplinen zusammendenken, neue Aspekte und neue Quellen erschließen oder schlicht etwas entdecken, was zunehmend relevant, aber noch nicht ausreichend beleuchtet und durchdacht ist. Der Blick einer Vordenkerin oder eines Vordenkers richtet sich in die Zukunft.

Thought Leader machen Menschen neugierig und erschließen Stück für Stück das Thema. Sie entwickeln darüber hinaus eine Idee, wie konkrete Probleme zu lösen sind und was dazu nötig wäre. Sie sind ihrer Zeit ein Stück voraus. Naturgemäß wächst die Aufmerksamkeit für ihr Thema und ihre Idee mit dem Bewusstsein seiner Relevanz für eine Zielgruppe. Eine Anlaufphase, um Gehör zu finden, ist daher unvermeidlich.

Bei allem, was Vordenker veröffentlichen, sagen und tun, ist die Substanz entscheidend. Umfangreiches Wissen in der Sache, Kenntnis der Zusammenhänge, Einblick in relevante Forschung und laufende Diskussionen zeichnet Thought Leadership aus. Die innovativen Ideen des Thought Leaders wiederum leben von ihrer Praxistauglichkeit. Storytelling oder Entertainerqualitäten helfen Vordenkern dabei, Thema und Idee zu vermitteln. Ohne Substanz aber laufen sie ins Leere.

Pfeiler 2: Verknüpfung von Thema und Person

Relevanter und innovativer Inhalt sind damit das Fundament von Thought Leadership. Aber Vordenker setzen auf mehr als die Verbreitung von hilfreichem und inspirierendem Content. Sie werfen die gesamte Glaubwürdigkeit ihrer Person in die Waagschale und werben für ihr Thema mit großer Leidenschaft. Sie treibt ein hohes Maß an Sendungsbewusstsein, wenn sie für ihre Ideen trommeln. Ihre Glaubwürdigkeit beruht genau darauf, dass sie mit der eigenen Person, der eigenen Expertise, der eigenen Erfahrung für ihr Thema und ihre Idee einstehen.

Damit machen sie den Unterschied im Lärm der Zeit. Denn an Content ist kein Mangel. Er ist geradezu explodiert durch die neuen Möglichkeiten, zu publizieren und Inhalte auf unterschiedlichen Kanälen zu verbreiten. Doch dort, wo Content ein Gesicht bekommt, wo ein erkennbarer und erlebbarer Urheber mit Wissen, Einsatz und Schaffenskraft für ihn einsteht und ihn persönlich verbreitet, dort haben Themen und Ideen die besten Chancen, Gehör und Anhänger zu finden.

Pfeiler 3: Kombination aus Positionieren, Publizieren, Auftreten und Netzwerken

Weil Vordenker um die Durchschlagskraft des Dreiklangs aus Persönlichkeit, Expertise und Mission wissen, begnügen sie sich nicht damit, Clicks, Likes & Shares zu sammeln. Sie bringen ihre Themen und Ideen gezielt auf die Bühne und vernetzen sich mit Menschen. In der Kombination aus Positionieren, Publizieren, Auftreten und Netzwerken liegt die Wirkmächtigkeit von Thought Leadership.

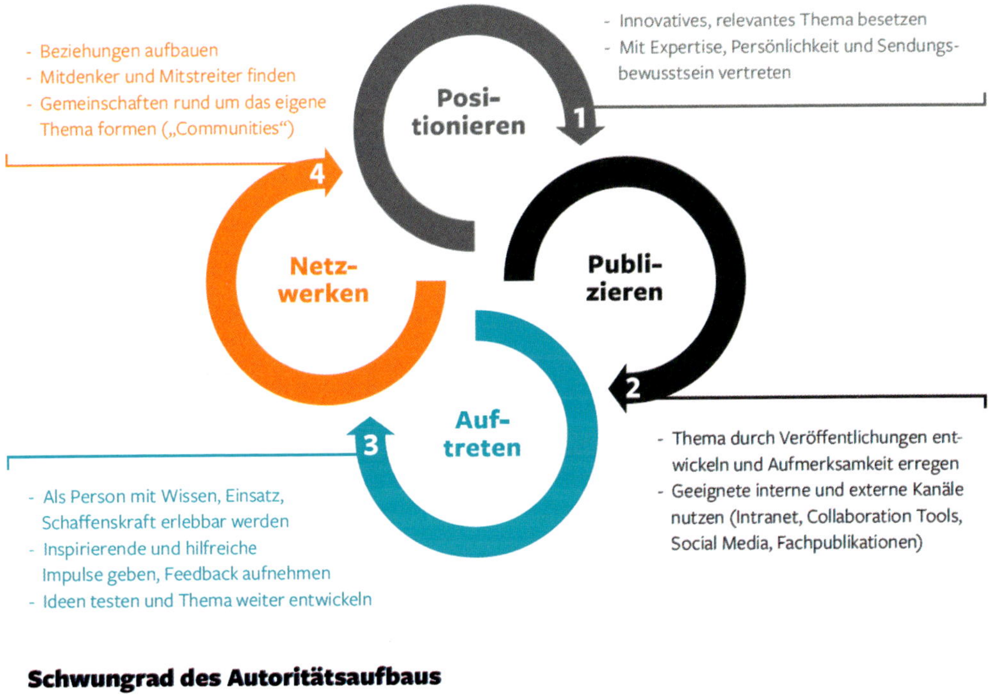

Abb. 20: Schwungrad des Autoritätsaufbaus

Denn im Austausch mit anderen reifen Themen und Ideen, entstehen Beziehungen, werden aus passiven Followern aktive Mitdenker und Mitmacher. Rund um Urheber, Thema und Idee entsteht eine Community. In ihr wächst das Wissen, gewinnt die Idee an Kontur und ihr Urheber an Autorität (siehe Abbildung 7 „Schwungrad des Autoritätsaufbaus", das für die breite Öffentlichkeit und die interne Öffentlichkeit von Unternehmen gleichermaßen gilt).

Pfeiler 4: Horizontale Autorität auf Augenhöhe

Denn das ist das Geheimnis von gelingender Thought Leadership. Einer Vordenkerin oder einem Vordenker folgt man, weil man lernen, wachsen, etwas bewegen kann. Weil diese

Person in diesem Thema, bei der Entwicklung dieser Idee weitergedacht hat als man selbst. Und weil sie Einsatz und Schaffenskraft ausstrahlt.

An Vordenkern zeigt sich daher eine Autorität, die mit dem, was viele noch unter Autorität verstehen, nur wenig zu tun hat. Sie gründet nicht auf Macht und Unterwerfung, wie man sie mit autoritären Führern oder Vorgesetzten verbindet. Sie hat ebenso wenig zu tun mit der Autorität von Amts- und Würdenträgern, die dank ihrer Funktion das Sagen und „die Weisheit gepachtet" haben.

Diese Autorität wird einer Vordenkerin oder einem Vordenker von ihren Anhängern zuerkannt, weil sie oder er Vorsprung hat: in diesem Thema, bei der Entwicklung dieser Idee – und nicht generell und prinzipiell. Autorität wie diese operiert also auf Augenhöhe mit denen, die folgen. Sie ist das Modell für eine Welt, in der kluge, engagierte Köpfe sich vernetzen und kollaborieren, ohne aufeinander herab- oder aneinander hinaufzusehen. Der belgische Psychoanalytiker und Universitätsprofessor Paul Verhaeghe spricht deshalb auch von einer horizontalen Autorität.

Warum wir Thought Leadership fördern sollten

Thought Leadership ist daher Leadership im besten Sinne. Und ein Modell für Führung und Zusammenarbeit in der Wissensgesellschaft. Es hat das Potenzial, Menschen zu aktivieren in der Öffentlichkeit wie in Unternehmen. Aus eben diesen Gründen ist es auch die Königsdisziplin im Expertenmarketing.

Selbst wenn Vordenkerinnen und Vordenker nicht am Reißbrett entworfen oder im Führungskräftelabor entwickelt werden können, weil es der genannten Voraussetzungen bedarf: Thought Leadership kann man fördern. Indem man das Bewusstsein schärft für die positive Kraft von horizontaler Autorität. Indem man Vordenkerinnen und Vordenker in Sachen Kommunikation und Vernetzung unterstützt und ihnen Mut macht, mit ihrem Wissen und ihren Ideen in Führung zu gehen.

Zu guter Letzt: Thought Leadership kann man nicht nur fördern, wir sollten es unbedingt tun! Und zwar in dreierlei Hinsicht: um dem Flachsinn und der Erregung im Netz und anderswo Wissen und Ideen entgegenzusetzen; um Innovation in die Welt zu bringen; und um diese Dynamik zu erzeugen, die nur Menschen mit Ideen, Wissen und Schaffenskraft bei ihren Followern auslösen können.

Missverständnisse rund um Thought Leadership

- *Reichweite ist das A&O? Die überbordende Mailingliste und die Zahl der Follower sind nicht die Messlatte des Erfolgs von Thought Leadern. Vordenker erreichen die richtigen Menschen und machen sie zu Mitdenkern und Mitmachern.*
- *Endlich prominent? Thought Leadern geht es nicht zuerst um Ruhm und Ehre in der breiten Öffentlichkeit. Vielmehr setzen Vordenker auf Reputation in relevanten Kreisen, um ihr Thema und ihre Ideen voranzubringen.*

- *Die Masse macht's? Thought Leader müssen nicht rund um die Uhr auf allen Kanälen funken. Vor allem die Qualität der Inhalte und neue Erkenntnisse sichern Vordenkern Aufmerksamkeit und führen dazu, dass andere sie als Autorität wahrnehmen.*
- *Verbriefte Expertise? Zeugnisse, Referenzen und renommierte Abschlüsse sagen nichts darüber aus, ob jemand Thought Leader ist. Allerdings helfen sie beim Reputationsaufbau. Entscheidend sind Substanz und Originalität im Denken und Handeln einer Vordenkerin oder eines Vordenkers.*
- *Hauptsache sozial und digital? Thought Leader setzen auf mehr als die Verbreitung von Inhalten auf digitalem Wege und in sozialen Netzwerken. Sie erscheinen in Leitmedien, renommierten Zeitschriften und Buchreihen, sie treten mit ihren Ideen und Themen vor Publikum auf und vernetzen sich gezielt mit Menschen und Institutionen.*
- *Schein und Sein? Markenbildung ist ein Faktor auf dem Weg zum Thought Leader. Das Personal Brand zehrt davon, die Expertise, Mission und Persönlichkeit der Vordenkerin oder des Vordenkers in Einklang zu bringen.*

19 Personenmarken: Integrität und Loyalität führt zu Authentizität

Tanja Knob, CAMAO

Tanja Knob ist Romanistin, Germanistin, Magister Artium. Gestrandet in der Kommunikations-, Medien- und Werbebranche, wirkt und gestaltet sie erfolgreich seit über 20 Jahren und berät namhafte Werbetreibende aus DACH rund um Fragen zu Markenbildung, Kommunikation und effizienter Zielgruppenansprache. Ihr Weg in die Welt der Werbung begann in einer Kreativagentur in Trier und führte sie über die Vermarktung von klassischer und digitaler Media für ProSieben, Sat.1 und United Internet Media schließlich zur Kommunikationsagentur CAMAO. Dort berät und coacht sie Kunden aus den Branchen Tourismus und Beauty in strategischen Fragen und entwickelt für sie individuelle Kommunikationskonzepte.

Am Anfang steht die Selbsterkenntnis

Die wichtigste Grundlage für erfolgreiches Eigenmarketing liegt in der Reflexion und im Verstehen der eigenen Identität. Nur wer sich vertiefend mit den Fragen befasst, wer er ist, was er nicht ist und nicht zuletzt, was er aufgrund seiner Anlagen sein könnte, hat die Chance, sich dauerhaft und erfolgreich als Persönlichkeit in der Öffentlichkeit zu etablieren. Gleichzeitig bedingt die rasante Entwicklung des Internets mit all seinen sozialen Netzwerken und digitalen Möglichkeiten, Nachrichten binnen Sekunden weltweit einer breiten Öffentlichkeit bereitzustellen, einen noch achtsameren Umgang mit der Darstellung und Inszenierung der eigenen Persönlichkeit als je zuvor.

Ob als Politiker, als Experte, als Star, Sternchen oder gar als Otto Normalverbraucher – jeder Mensch, der in den digitalen Medien kommuniziert, hinterlässt an allen Ecken und Enden des World Wide Web Eindrücke und Spuren. Sei es durch gezielt veröffentlichte Profile, durch die Nutzung von Apps (und der damit einhergehenden Präsenz innerhalb jener) oder durch das spontane Kommentieren von Beiträgen – es sind unzählige, oftmals gewollte und noch häufiger ungewollte Puzzleteile einer „digitalen Aura", die Rückschlüsse auf sein Wesen, seine Werte und Einstellungen ermöglichen. Um so wichtiger also, sich nicht nur der eigenen persönlichen Ziele, sondern vor allem sich seiner selbst und seiner direkten wie auch indirekten Aktivitäten und der damit verbundenen Wirkung in der Öffentlichkeit umfassend bewusst zu sein.

Dabei ist die Erkenntnis um den Sinn und Nutzen der Selbsterkenntnis – nämlich, dass diese eine wichtige Basis zur Persönlichkeitsbildung bzw. für die persönliche Entwicklung darstellt – bereits eine sehr alte. Die Liste möglicher Zitate zu diesem philosophischen Sujet aus der Antike ist lang und lässt sich geradezu nahtlos bis in die Neuzeit erweitern. Denn die Frage „Wer bin ich?" und die damit verbundene Auseinandersetzung mit dem Selbst zählt zu den wichtigsten Themen der Philosophie und wurde seit ihrem Ursprung in jeder Epoche immer wieder neu gestellt und diskutiert.

Vom Orakel von Delphi über Schopenhauer bis in die Neuzeit

„Erkenne Dich selbst!", „Nichts im Übermaß!" „Du bist" – den um Rat suchenden Besucher des Tempels, in dem damals eine Priesterin im Appolon-Thempel von Delphi orakelte, mahnten die von griechischen Weisen verfassten Inschriften sowohl zu Bescheidenheit als auch zur Befassung mit dem eigenen Selbst und der daraus resultierenden Selbsterkenntnis als tägliche Übung. Sie sollte „der Anfang sein, die Basis für jedes sinnvolle Denken über Gott und die Welt", resümiert Eugen-Maria Schulak in seiner Schrift „Erkenne dich selbst! – Werde, der du bist! Über den Ursprung philosophischen Denkens", und er führt mit Schopenhauer fort:

„Diesem Innenleben, diesem Selbst, diesem angeborenen und unveränderlichen Charakterist stets die größte Aufmerksamkeit zu widmen, ist er es doch, der unser Handeln im Ganzen und Wesentlichen bestimmt." Selbsterkenntnis und die Einsicht in das eigene Wollen hat somit oberste Priorität. Denn nur wenn die eigene Individualität in ihren Vorlieben und Talenten, aber auch in ihren Defiziten transparent wird, besteht die Möglichkeit, das Leben gezielt gestalten zu können. Nur wenn man dasselbe bewusst wolle, was man vorher blind wollte, so Schopenhauer, wird man auch die richtigen Entscheidungen treffen: „Ein Mensch muss wissen, was er will, und wissen, was er kann: Erst so wird er Charakter zeigen, und erst dann kann er etwas Rechtes vollbringen."

In dieser von Schopenhauer beschriebenen Definition des Wissens um das eigene Ego mit all seinen Licht- und Schattenseiten als Grundlage der Charakterbildung und somit als Voraussetzung für eine bewusste und erfolgreiche Lebensgestaltung sind bereits die wichtigsten Elemente des Selbstmarketings enthalten.

Marken und Vertrauen

Hans Domizlaff gilt als einer der Vorreiter des modernen Marketings und veröffentlichte bereits 1937 das Lehrbuch der Markentechnik mit dem Titel „Die Gewinnung des öffentlichen Vertrauens." Darin finden sich viele Parallelen zwischen den Grundgesetzen zur natürlichen Markenbildung von Produkten und den Voraussetzungen zur Bildung einer Eigenmarke als zentrales Element der Selbstvermarktung, die ergänzend zur allgemeinen Definition des Selbstmarketings herangezogen werden können.

Auch wenn diese bereits vor über 70 Jahren verfasst wurden, beschreiben sie nach wie vor gültige Bedürfnisse und Verhaltensweisen der Massenseele. Die Erkenntnis der tief verwurzelten Sehnsucht des Menschen nach Bestätigung und Beständigkeit bleibt allen technischen Errungenschaften und menschlichen Entwicklungen zum Trotz unverändert.

Dieses Phänomen begegnet uns täglich, sowohl in den zahlreichen digitalen Angeboten und Möglichkeiten als auch „offline". In diesem unübersichtlichen, schier endlos scheinenden Orbit von „Geiz ist geil"-Mentalität, einem Überangebot an (insbesondere schnelldrehenden) Konsumgütern in jeglichen Segmenten bis hin zu absurden Preisen, die wir bereit sind für einen Mitnahmekaffee zu zahlen, suchen wir mehr als je zuvor eines: Orientierung und die Möglichkeit, zu vertrauen.

Diese Annahme wird bestätigt durch das rasante und stetige Wachstum von Bewertungs-Mechanismen, einer Vielzahl an Empfehlungsmarketing-Instrumenten und Vergleichsplattformen im Netz. Im Übrigen ist auch das Empfehlungsmarketing an sich ein altbekanntes Phänomen, das seit Anbeginn der Werbung besteht und nach Domizlaff vom versierten Kaufmann gezielt zu nutzen und sensibel zu handhaben sei. Denn das „Publikum ist immer der Meinung, dass der einzige Anlaß für wiederholte Käufe vom eigenen Urteil gebildet wird und niemals von unbewiesenen Behauptungen des Verkäufers".

Qualität und Beständigkeit

Um aber das langfristige Vertrauen der Öffentlichkeit zu gewinnen bzw. um sich selbst oder ein Produkt dauerhaft als Marke zu positionieren, bedarf es nach Domizlaff neben der elementaren Qualitätsleistung vor allem auch der Beständigkeit, Zuverlässigkeit und Authentizität, denn ein „einmal gewonnenes und niemals missbrauchtes Vertrauen ist gar nicht so leicht zu erschüttern". Das mag auf den ersten Blick in Zeiten der enorm zerstörerischen Kraft und der ungeheuren Geschwindigkeit digitaler Shitstorms zunächst sehr herausfordernd oder gar befremdlich erscheinen – Air Berlin ist pleite und Nestlé muss nicht nur kommunikative Niederlagen, sondern auch konkrete Auslistungen von großen Einzelhändlern wegstecken.

Mercedes Benz und BMW andererseits sind Beispiele etablierter Marken aus der Automobil-Branche, die aufzeigen, dass es durchaus möglich ist, massiven Angriffen auf Image und Glaubwürdigkeit des Unternehmens standzuhalten. Eine mögliche Erklärung hierfür kann in der jeweiligen Historie der beiden Marken begründet sein. Sowohl BMW als auch Mercedes Benz haben in der langjährigen Vergangenheit die definierten Qualitäts- und Leistungsversprechen gegenüber ihren Kunden zuverlässig und dauerhaft erfüllt. Den Thesen Domizlaffs zufolge kann dies ein Grund dafür sein, dass beide Marken – bzw. beide Unternehmen – nunmehr über eine Art „Vertrauens-Depot" verfügen, welches ihnen zu einer gewissen Immunität im weltweit diskutierten Diesel-Skandal verhilft.

So überrascht es in diesem Zusammenhang nicht, wenn der Citigroup-Analyst Michael Tyndall bei Focus im Rahmen der Diskussionen um potenzielle Auswirkungen des Diesel-Skandals zu dem Schluss kommt, dass der Tenor der Berichterstattung und das mögliche Ausmaß der Risiken für Verängstigung sorgen könne, er den Inhalt allerdings nicht für neu halten würde und er der Bekundung von Daimler vertraue, dass die in Rede stehenden Fahrzeuge den maßgeblichen, wenngleich etwas laxen Vorschriften entsprächen.

Geduld, Reputation durch Empfehlung reifen zu lassen

Wie aber gewinnt man nun langfristig das Vertrauen aller Anspruchsgruppen – Publikum, Konsumenten, Vorgesetze, Kollegen – in dieser kurzlebigen und von einem Überangebot an Botschaften geprägten Zeit? Domizlaff führt hierzu zwei wichtige Bedingungen an, die auch heute noch Gültigkeit haben: Ein gewisses Maß an Geduld, Reputation durch Empfehlung reifen zu lassen, und damit einhergehend der Verzicht auf direkte Einflussnahme bzw. auf psychischen Zwang bei dauerhaft gleichbleibender Qualität und hohem Anspruch an Glaubwürdigkeit.

Sympathie oder Antipathie hingen in ganz gleicher Weise hauptsächlich mit Erfahrungstatsachen zusammen. Erst nach längerer Zeit guter Erfahrungen entstehe ein gewisses Gefühl des Vertrauens und des Vertrautseins, ist sich Domizlaff sicher. Untrennbar damit verbunden sei das Zusammenspiel aller Eigentümlichkeiten sowie die Konstanz im Auftritt, die ein Produkt ebenso wie einen Menschen auszeichnen, vertrauenswürdig machen und somit zur Marke reifen lassen.

Grundvoraussetzungen

Zusammenfassend können demnach drei zentrale Aspekte als Grundvoraussetzung zum Aufbau einer erfolgreichen Eigenmarke (wie z. B. die Etablierung eines Marken-/Unternehmensbotschafters als nahbarer Experte) festgehalten werden:

Selbsterkenntnis – und damit verbunden die Erkenntnis über Stärken und Schwächen sowie die daraus resultierenden markanten bzw. unverkennbaren Besonderheiten und Potenziale in der Differenzierung gegenüber den anderen.

Konstanz in Auftritt und Verhalten – gegenüber sich selbst ebenso wie gegenüber den Anspruchs- und Zielgruppen (Einhaltung von Leistungsversprechen, Etablierung von z. B. sprachlichen, inhaltlichen und äußeren Wiedererkennungsmerkmalen).

Reputationsaufbau – im Idealfall gewachsen durch Empfehlungen Dritter aufgrund nutzenstiftender Präsenz, respektive an digitalen Kontaktpunkten (Geduld und Ausdauer anstelle von grobem Forcieren, Überschwemmen mit Botschaften).

Beispiel Thomas Koch (Mr. Media)

Thomas Koch ist ein sehr gutes Beispiel für eine Personal Brand, die über die letzten 15 Jahre erfolgreich „gereift" ist. Auf ihn treffen sämtliche von Domizlaff als Erfolgsbausteine einer Marke beschriebenen Charakteristika zu: Durch sein konstantes und markantes Auftreten sowie durch die für ihn typische, provokative Art, Meinung zu beziehen und kontroverse Themen zu kuratieren, hat er sich nachhaltig die Aufmerksamkeit der Branche erarbeitet. Dass er das gezielte Streuen von Beiträgen und Kommentaren nicht nur mit viel Geduld, sondern auch mit Augenzwinkern tut, spiegelt sich nicht zuletzt in seinem branchenbekannten Spitznamen „Mr. Media", unter dem er in der W&V eine eigene Kolumne führt (www.wuv.de/author/thomas-koch/tk).

Die Personenmarke Thomas Koch hat sich aufgrund der Konstanz im Auftritt und der gedulgigen Aussaat von Botschaften somit über die letzten Jahre in der Werbewelt etabliert. Sie verfügt mittlerweile über einen so hohen Wiedererkennungswert, dass Thomas Koch von Kollegen wie Klaus Eck sogar als der Influencer der Branche tituliert wird (pr-blogger.de).

Warum Personal Brands für Unternehmen immer wichtiger werden

Es ist unbestritten, dass für Mitarbeiter heutzutage die Notwendigkeit des Eigenmarketings aus eigenem Interesse heraus besteht, um bei Bewerbungen intern oder extern berücksichtigt zu werden und auf der Karriereleiter aufzusteigen. Auch der Bedarf für Unternehmen wächst stetig, Mitarbeiter zu promoten und als Personal Brands zu etablieren, um Glaubwürdigkeit und Image zu steigern. In der sich rasant ändernden Werbelandschaft stellen sie ebenso wie Marken-Botschafter bereits eine unverzichtbare Ergänzung der Marketing- und PR-Strategie vieler Unternehmen dar.

Diesen hohen Stellenwert nehmen Personenmarken mittlerweile u. a. deshalb ein, weil die klassische ebenso wie die digitale Werbung ihre Ziele der Kundenbindung und des Vertrauensaufbaus teilweise verfehlen bzw. nicht mehr ausreichend erreichen. Insbesondere Onlinewerbung, die von vielen Marketing-Verantwortlichen im vergangenen Jahrzehnt nicht nur als sinnvolle Ergänzung der Mediapläne zum Erreichen jüngerer Zielgruppen, sondern teilweise sogar als Substitut klassischer Werbung verstärkt eingesetzt wurde, steht mittlerweile stark in der Kritik der Werbebranche.

Nach dem anfänglichen Hype tritt nun eine massive Ernüchterung im Werbemarkt ein: Christof Baron führte 2016 gar den Begriff „digitale Besoffenheit" ein, was wiederum von Vermarktern des Privatfernsehens postwendend aufgegriffen und erneut zum Anlass genommen wurde, weitere Studien anzuführen, die beweisen sollen, dass TV besser wirke als Online-Werbung. Baron fasste die Gesamtsituation am Werbemarkt im Interview mit dem Branchenblatt Horizont wie folgt zusammen: „Ich glaube und hoffe, dass wir in unserer Industrie vor einem großen Umdenkprozess stehen, was digitale Werbung betrifft. Es gibt inzwischen so viele Enttäuschungen und so viele Marketingstrategien, die im Digitalen nicht funktionieren, dass es Zeit wird, noch einmal grundsätzlich über die Mechaniken digitaler Werbung nachzudenken."

Marken suchen Alternativen zu klassischen On- und Offlinebudgets

Dies mögen zwar keine völlig neuen Erkenntnisse sein, aber sie haben erstmalig weitreichende Konsequenzen für die Online-Branche, wie der Halbjahresreport 2017 des Marktforschungsunternehmens Nielsen aufzeigt. Große Konsumgüterhersteller wie Procter & Gamble und Ferrero sowie Automotive-Konzerne reduzierten ihre Online-Budgets drastisch, manche sogar um mehr als 60 %.

Was aber erreicht den Verbraucher noch wirklich? Wie kann eine Marke in diesen gesättigten Märkten vor allem jüngere Zielgruppen noch wirkungsvoll erreichen und bestenfalls an sich binden?

Nielsen stellte schon 2015 Studienergebnisse vor, in denen die Wirkung von Botschaften auf „owned", d. h. vom Unternehmen betreuten eigenen Online-Kanälen sowie Websites als besonders vertrauenswürdig bewertet wurde.

„Die glaubwürdigste Werbung kommt direkt von den Menschen, die wir kennen und denen wir vertrauen. Mehr als acht von zehn Befragten weltweit (83 %) geben an, dass sie den Empfehlungen ihrer Freunde und Familie vollständig oder etwas vertrauen. Vertrauen ist jedoch nicht auf diesen engen Kreis begrenzt. Tatsächlich geben zwei Drittel (66 %) der Befragten an, dass sie Kundenbewertungen im Internet vertrauen", so der Nielsen Global Trust in Advertisting Report.

Aus meiner Sicht ist es klar, dass in Anbetracht des sich ständig verändernden Rezeptionsverhaltens der Konsumenten eine Budgetverlagerung von Digital zurück zur Klassik keine Lösung bzw. dauerhafte Alternative im ständigen Kampf um deren Vertrauen sein kann.

Eine echte Alternative dazu stellt der Vertrauensaufbau über Personenmarken dar, wenn dies auf glaubwürdige Weise, in vertrauten Umgebungen und durch Personen erfolgt, zu denen der Verbraucher eine Beziehung aufgebaut hat und die über Referenzen mit einer hohen Glaubwürdigkeit verfügen.

Integrität und Loyalität führt zu Authentizität

Der Einsatz von Personenmarken und Markenbotschaftern im Kampf um das Vertrauen der Kunden stellt Unternehmen jedoch vor ganz neue Herausforderungen: Grundsätzlich setzt die Entscheidung für den Einsatz von Personenmarken die Bereitschaft der Unternehmensleitung voraus, ein Stück weit Kontrolle abzugeben und darauf zu vertrauen, dass sich Mitarbeiter, die in Bezug auf das Unternehmen an öffentlichen Kontaktpunkten auftreten, loyal und integer verhalten.

Um herauszufinden, ob sich ein Mitarbeiter zum gezielten Aufbau als Personal Brand im Auftrag des Unternehmens eignet, arbeiten viele Firmen mittlerweile mit besonderen Auswahlverfahren, in denen sie gemeinschaftlich mit den in Frage kommenden Mitarbeitern eine Persönlichkeits-Analyse machen. Hierbei werden sowohl deren persönliche Ziele abgefragt als auch ein Matching mit der Wertewelt und Positionierung sowie den Zielsetzungen des Unternehmens über unterschiedliche Tests und Modelle untersucht.

Die Überprüfung der persönlichen Integrität als Auswahlkriterium für eine Personenmarke bzw. einen Unternehmens-Botschafter sollte bei diesem Verfahren jedoch eine ebenso wichtige Rolle spielen wie die Überprüfung der grundsätzlichen Eignungskriterien in Bezug auf Kommunikationsfähigkeit und Übereinstimmung der Wertewelt.

Personenmarken brauchen Unterstützung durch Unternehmen

Ergänzend dazu sollten die in Frage kommenden Mitarbeiter nach der Auswahl dauerhaft unterstützt werden durch regelmäßigen Austausch mit Management und Personalabteilung sowie im Idealfall durch Coachings bzw. Trainings. Denn nur so kann nachhaltig sichergestellt werden, dass Mitarbeiter, die sich im Namen des Unternehmens regelmäßig äußern, das Wertegerüst des Unternehmens bestmöglich und authentisch vertreten. Dies bedeutet zwar einen nicht ganz unerheblichen Mehraufwand, jedoch profitieren letzlich beide Seiten von dieser Investition: Das Unternehmen gewinnt dadurch die Möglichkeit der Einflussnahme in einem schwer kontrollierbaren Feld, und der Mitarbeiter erlebt einen Zugewinn an persönlicher Entwicklung und weiterer Professionalisierung.

Dabei bedarf diese Art der Beratung bzw. des Coachings von Mitarbeitern einer besonderen Form des Bewusstseins und Trainings, um den heutigen Kommunikatitonsanforderungen gerecht zu werden. Das bekannteste Paul Watzlawick-Axiom „Man kann nicht nicht kommunizieren" gilt auch und gerade im Zeitalter der digitalen Kommunikation für jedes noch so kleine Detail. Jeder Kommentar trägt dazu bei, dass sich unsere digitale Aura zu einem Profil schärft, auch mit unbewussten Details.

Deshalb sollten Coaching und Beratung in erster Linie darauf abzielen, ein tiefes Bewusstsein und Verständnis für die eigene Rolle sowie persönliche Ziele und Wirkungskreise zu schaffen. Hilfreich bei der Vermittlung dieses Bewusstseins ist der Gedanke, dass die Personenmarke als Botschafter agiert. Dieser Außenauftritt basiert auf einer detaillierten Definition der nach außen gerichteten Rolle als ein Teil der eigenen Persönlichkeit. Das bedeutet konkret, die eigene Authentizität zu bewahren, ohne dabei sein komplettes persönliches Spektrum nach außen zu kehren.

Der Schlüssel für den Erfolg als Personenmarke liegt demnach darin, sich seiner Persönlichkeit und seiner Außenwirkung in Gänze bewusst zu sein, Tabu-Themen für sich zu definieren und nur das zu kommunizieren, was der eigenen Person und auch dem Unternehmen, in dessen Namen man sich äußert, zutr Allgemeines zum äglich ist. Dies betrifft den bewussten Umgang in der Nutzung sämtlicher digitaler Kanäle und beinhaltet eben auch private Kontaktpunkte wie soziale Medien, Dating-Plattformen, Dialog-Apps etc. Wer das konsequent beachtet, läuft am wenigsten Gefahr, in eine digitale Stolperfalle zu geraten.

Fazit

Wenn dieses Verständnis grundlegend beim Mitarbeiter gegeben ist, bedarf es von Unternehmensseite neben Social Media Guidelines keiner weiteren Vorgaben. Wichtig ist jedoch, im Dialog zu bleiben, um die Unternehmensbotschafter weiterzuentwickeln und Strategien zu erarbeiten, wie man diese Personen gezielt einsetzt und stärkt. Denn diese spielen schon heute und künftig noch viel mehr eine zentrale Rolle in der Profilierung gegenüber dem Wettbewerb.

Literaturhinweise

Dobelli, Rolf (2017). Die Kunst des guten Lebens. 52 überraschende Wege zum Glück, München, Piper Verlag.

Domizlaff, Hans (1939), 7. Auflage (2005). Die Gewinnung des öffentlichen Vertrauens. Ein Lehrbuch der Markentechnik, Marketing Journal. Schopenhauer, Arthur, Parerga und Paralipomena II, Kap. 8, § 118, in: Arthur Hübscher (Hrsg.), Werke in 10 Bänden (Zürcher Ausgabe), Zürich 1977, Bd. 9, 251.

Schopenhauer, Arthur, Die Welt als Wille und Vorstellung I, 4. Buch, § 55, in: Arthur Hübscher (Hrsg.), Werke in 10 Bänden (Zürcher Ausgabe), Zürich 1977, Bd. 2, 381.

20 7 SUMMITS zu 7 Start-ups: Die fünf Säulen des Markenaufbaus

Steve Kroeger, Speaker & Unternehmercoach

Steve Kroeger bestieg zwischen 2007 und 2014 die sieben jeweils höchsten Berge der sieben Kontinente. Daraus ausgehend entwickelte er „Die 7 SUMMITS-Strategie", ein einzigartiges Motivationskonzept. Das gleichnamige Buch wurde in drei Sprachen übersetzt und ist in elf Ländern erschienen. Als Top-Speaker zum Thema Motivation tritt er auf zahlreichen Veranstaltungen auf, unter anderem bei namhaften Unternehmen wie Airbus, Daimler und Siemens. Seine eigenen Events für Unternehmer, Selbstständige und Start-up-Gründer, wie die jährliche Kilimandscharo-Seminarreise, sind Monate im Voraus ausgebucht. Mit seinem nächsten Sieben-Jahres-Projekt ist Steve Kroeger unter die Start-up-Gründer gegangen. Bis 2024 will er insgesamt sieben Unternehmen unter dem Dach der Unternehmensgruppe STEVE KROEGER aufbauen. Eines davon ist STEVE KROEGER Media, eine Personal Branding Agentur.

Um starke Personenmarken zu entwickeln, gibt es keine Pauschallösung und keinen Masterplan. Was den einen zum Erfolg führt, funktioniert nicht automatisch beim anderen. Stattdessen muss man Marketingstrategien finden, die individuell passen. Diese Erfahrung habe ich selbst auf meinem Weg zur Marke Steve Kroeger gemacht und gebe sie nun an die Kunden der eigenen Personal Branding Agentur weiter. Dabei habe ich zusammen mit meinem Team fünf Säulen entwickelt, die für die Entwicklung einer Personenmarke entscheidend sind.

Vom ersten Gipfel zu 7 SUMMITS: Warum es so wichtig ist, die Community mitzunehmen

Man kann sagen, dass mein Weg anfangs ein steiniger war. Wortwörtlich. Denn bekannt wurde ich in der Öffentlichkeit als Bergsteiger. 2007 steckte ich mir ein ambitioniertes Ziel: Sieben Jahre, sieben Kontinente, sieben Gipfel.

Wanderschuhe hatte ich zuvor noch nie getragen, von den Bergen aber seit meiner Kindheit geträumt. Aus den Expeditionen zu den höchsten Gipfeln unserer Kontinente entwickelte ich später die 7SUMMITS-Strategie, ein Motivationskonzept, mit dem sich Erfolge mit Leichtigkeit erreichen lassen.

Mit jedem bestiegenen Berg wuchs auch die Community. Über Facebook begleitete sie jeden Schritt der Expeditionen. Ich nahm sie mit auf meine Reise, feierte mit ihr meine Erfolge und teilte mit ihr meine Niederlagen. Das soziale Netzwerk war damals für mich mehr „Spielerei" als Marketingstrategie. Von Anfang an war ich aber begeistert von den Möglichkeiten, mit denen ich andere an meinen Erlebnissen teilhaben lassen konnte.

Auch wenn das 7SUMMITS-Projekt inzwischen abgeschlossen ist, begleitet mich die Community immer noch bei meinen Reisen – sei es auf dem Weg zur eigenen Unternehmensgruppe oder meiner Kilimandscharo-Seminarreise, die ich jährlich für Unternehmer, Selbstständige und Gründer organisiere und bereits Monate im Voraus ausgebucht ist.

Wenn man einen Redaktionsplan für Social Media erstellt, sollte man daher nicht nur in einzelnen Postings denken, sondern von der Ausgangsfrage aus, auf welche Reise man seine Community mitnehmen will.

Abb. 21: Steve Kroeger als Bergsteiger

Vom Bergsteiger zum Familienvater: Warum man immer wieder mutig sein muss

Bei meinen Reisen habe ich aus dem Rucksack gelebt, nur wenige Kleidungsstücke mitgenommen. Waschsalons waren daher oft Reisestopps. Ein Foto aus dieser Zeit zeigt mich mit dem Kopf in einer großen Waschtrommel. Ein Facebook-Post, der viral gegangen ist, bei dem ich mich dennoch zuvor gefragt habe: Ist das nicht zu bekloppt? Kann ich das wirklich so veröffentlichen? Der Mut, es doch zu tun, zahlte sich letztlich aus.

Viel Mut brauchte ich auch für meinen nächsten Schritt bei der Entwicklung der Marke STEVE KROEGER – denn viele Außenstehende rieten mir davon ab. Mit der Geburt meines ersten Sohnes begann für mich eine neue Lebensphase. Mit ihr schlich sich gleichzeitig das Gefühl ein, dass meine Marke als Bergsteiger nicht mehr hundertprozentig passte. Ich wollte nicht mehr nur damit in Verbindung gebracht werden, ich war inzwischen viel mehr als das: Motivations- und Unternehmercoach, Buchautor, Redner und neuerdings Familienvater.

Mit dieser Idee starteten meine Frau und ich gemeinsam das Projekt 7 SUMMITS-Family. Seitdem ist die Community Teil unseres Familienlebens, wir gewähren einen kompletten Einblick in den Alltag mit unseren inzwischen zwei Kindern. Als wir 2017 ein Jahr lang als vierköpfige Familie mit einem Wohnwagen durch Europa unterwegs waren, war das gleichzeitig mein umsatzstärkstes Jahr als Unternehmer.

Die Kritiker hatten sich geirrt. Meine neue Rolle als Familienvater hatte meine Marke stärker gemacht und erweitert, anstatt sie zu schwächen. Es bringt nichts, krampfhaft einem

Markenkonzept treu zu bleiben, wenn es sich nicht mehr mit der eigenen Persönlichkeit deckt und man sich nicht mehr damit identifizieren kann. Denn Personenmarken funktionieren über Authentizität und Glaubwürdigkeit. Daher dürfen sie sich nicht nur weiterentwickeln, sie müssen es sogar.

Mut ist dabei ein Schlüsselfaktor. Wenn man eine Aktion im Kopf hat, sich aber nicht traut sie zu verwirklichen: Einfach machen! Sei es ein Post bei Social Media oder eine weitreichende Veränderung der eigenen Marke.

Von Supportern zu Selbstläufern: Wie man die Community aktiviert

Für mich zählt nicht eine möglichst große Community, sondern eine möglichst verlässliche Community mit Followern, die hinter mir und meinen Projekten stehen. Sie waren von Anfang an eine wichtige Unterstützung bei meinen 7 SUMMITS-Expeditionen – auch finanziell.

Über eine Crowdfunding-Aktion sammelte ich Geld für meine Expedition in die Antarktis. Innerhalb von sechs Wochen fanden sich über 200 Supporter, die bereit waren, mein Projekt mit jeweils 99 Euro zu unterstützen. Und ich gab jedem von ihnen etwas zurück, indem ich ihm einen eigenen Post bei Facebook widmete und ihn später namentlich in meinem Buch zur 7 SUMMITS-Strategie erwähnte.

Was eine verlässliche Community aber wirklich bewirken kann, zeigte sich 2014, als ich bei einem Erdbeben vor Ort am Mount Everest war. Denn aus der Community heraus entstand quasi als Selbstläufer die Idee, Spenden für die Familien der verunglückten Sherpas zu sammeln. Mehr als 9.000 Euro kamen so zusammen. Diese Aktion hat mich nachhaltig beeindruckt.

Die Kommunikation mit meinen Followern und Supportern über Social Media betrachte ich dabei bis heute als eine Kommunikation auf Augenhöhe von Mensch zu Mensch, bei der jede Seite etwas gibt. Dafür schaue ich auch hinter die Fassade. Die Reaktion auf einen Post ist immer verknüpft mit einem Profil, mit einem realen Menschen. Um eine Beziehung zu ihm aufzubauen, braucht es Vertrauen. Dieses schaffe ich mit Kontinuität und Content. Regelmäßige Posts sind dabei ein Zeichen von Verlässlichkeit.

Zielführend ist daher, die Community nicht nur mitzunehmen, sondern sich zusätzlich mit jedem einzelnen Follower auseinanderzusetzen und Aktionen umzusetzen, mit denen man die Community zum Mitmachen animieren kann.

Von informativen und unterhaltsamen Inhalten: Warum Humor so wichtig ist

Es reicht nicht aus, immer nur informativen Content über die sozialen Netzwerke zu teilen, man muss dabei auch unterhalten. Denn mit Humor erzeugt man Aufmerksamkeit und hat einen leichten Zugang zu anderen. Das bedeutet aber nicht, dass man wie ein Comedian einen Gag an den anderen reiht.

Vielmehr sollten die Posts bei Facebook und anderen Kanälen ein ausgeglichenes Wechelspiel ergeben aus informativen und unterhaltsamen Inhalten. Bei meinen eigenen Accounts arbeite ich daher inzwischen mit Redaktionsplänen. Denn seit meiner Rückkehr vom Mount Everest und dem Abschluss meines 7 SUMMITS-Projekts begann ich Schritt für Schritt ein Team aus Experten aufzubauen und Aufgaben in die Hände anderer zu legen. So kann ich mich rein auf die Inhalte fokussieren und weniger auf die technischen Aspekte.

Facebook ist und bleibt meine stärkste Plattform, darüber hinaus machen wir kurze Videos für YouTube und betreiben einen Instagram-Account. Diese drei Kanäle sind die, die für mich und meine Projekte erfolgreich funktionieren. Um sie weiter zu professionalisieren, investiere ich meine Ressourcen und die Arbeitszeit meines Teams dort, anstatt dass sie für neue, gehypte Social-Media-Plattformen verloren gehen.

Doch nicht alles funktioniert mit starren Redaktionsplänen. Gerade humorvolle Posts entstehen aus dem Augenblick und sind nicht im Vornhinein planbar. Solche spontanen Aktionen wirken daher aber andererseits besonders authentisch und haben enormes Potenzial, viral zu gehen.

Von der eigenen Marke zum Mehrfach-Gründer: Wie man Erfolge mit der Community teilt

Bereits als Bergsteiger habe ich jeden erreichten Gipfel mit der Community gefeiert. Heute sind es vor allem die Erfolge als Speaker, Coach und Unternehmer, die ich dort teile und die wichtige Kontakte entstehen lassen. Dazu gehören auch Printartikel in bekannten Zeitungen, Radio- und Fernsehinterviews. Diese Berichte in den analogen Medien sind somit verknüpft mit meinen digitalen Kanälen.

Denn STEVE KROEGER hat sich inzwischen zu einer Marke mit vielen Facetten entwickelt, die ich mit einem professionellen Team strategisch weiter ausbaue. Diese starke Präsenz auf verschiedenen Kanälen nahmen zunehmend auch andere wahr, die Unterstützung suchten auf ihrem eigenen Weg zur Personenmarke. Immer wieder wurde ich dafür angefragt, mit meinem Team für Kunden Markenstrategien zu entwickeln und umzusetzen. Warum nicht?

So gründeten wir Ende 2017 das Start-up STEVE KROEGER Media, eine Personal Branding Agentur mit Schwerpunkt auf digitalen Lösungen. Als geschäftsführenden Gesellschafter holte ich Andreas Lutz ins Boot, der fast zehn Jahre Erfahrung im Online-Marketing mitbringt und seit 2016 federführend für die digitalen Strategien meiner eigenen Marke war. Bei STEVE KROEGER Media beraten wir Unternehmer, die über ihre Personenmarke eine Botschaft verbreiten, Sinn stiften und ethische Grundsätze vermitteln wollen.

Einen besonderen Fokus legen wir bei der Markenentwicklung darauf, die individuelle Persönlichkeit in den Mittelpunkt zu stellen. Gemeinsam finden wir die Kanäle mit der passenden Zielgruppe und dem einfachsten Zugang für den Kunden: Denn der eine macht gerne Fotos, dem anderen liegt das Schreiben von Texten mehr.

Für die konkrete Umsetzung und Kontinuität der Markenstrategie entwerfen wir Redaktionspläne, erstellen Content und drehen professionelle Imagefilme. Außerdem bieten wir die Möglichkeit, sich über uns zum Online-Marketing-Manager oder Social-Media-Manager ausbilden zu lassen, um den Kunden selbst die notwendigen Werkzeuge mitzugeben.

Doch STEVE KROEGER Media ist nur Teil eines großen Ganzen, meines nächsten Sieben-Jahres-Projekts: die Gründung der eigenen Unternehmensgruppe. Bis zum Jahr 2024 habe ich mir vorgenommen, unter dem Dach der Marke STEVE KROEGER sieben Start-ups zu gründen und erfolgreich aufzustellen. Jedes der Unternehmen ist dabei eigenständig und hat jeweils eigene Geschäftsführer. Doch gemeinsam bilden sie ein Gesamtpaket an Dienstleistungen, die jedes inhabergeführte, kleine und mittelständische Unternehmen braucht.

Auf meinem Weg zur eigenen Marke habe ich mich stetig weiterentwickelt, Mut für Veränderungen gehabt, Kontinuität statt Stillstand verfolgt. Bei den Kunden unserer Personal Branding Agentur stelle ich dagegen immer wieder fest, dass sie zu verkopft an den Prozess herangehen. Mit unseren fünf Säulen des Personal Brandings lassen sich individuelle Marketingmaßnahmen mit Leichtigkeit herausarbeiten, indem man sich selbst folgende Fragen stellt:

- Auf welche Reise will ich meine Community mitnehmen?
- In welchen Situationen sollte ich einfach einmal mutig sein?
- Mit was kann ich meine Community zum Schmunzeln bringen?
- Wie aktiviere ich meine Follower immer wieder?
- Welche Erfolge will und kann ich mit ihnen teilen?

Abbildungsverzeichnis

Stichwortverzeichnis